リスクの総和は
変わらない
どのリスクを選択
するかだ

リスク三十六景

野口 和彦 著

management

日本規格協会

はじめに

リスクやリスクマネジメントに関しては、アセスメント手法や規格など多くの書籍が出版されています。しかし、リスクに関する理解は、個別の手法論やマネジメント規格に関しては理解が進んでいるようですが、社会の動向や顕在化する課題に対してリスクに関する学問的な理解が遅れをとっているように思えます。

皆様は、リスクというものをどのようにお考えでしょうか？　リスクは、怖いもの？　避けたいもの？　いやいや、そうでもないのです。リスクとは、大自然や日本の神様のように、本来二つの側面を持っているものです。大自然は、人間に対して慈愛に満ちた姿と荒ぶる姿の二つの姿を持っています。また、日本の古来の神は鬼と表裏一体であったと言われています。本来のリスクもそのようなものなのです。

夏目漱石[1]も『草枕』[2]の中で、「喜びの深きとき憂いよいよ深く、楽しみの大いなるほど苦しみも大きい。これを切り放そうとすると身が持てぬ。片づけようとすれば世が立たぬ。」と書いています。これが人の世の姿であり、最新のリスクマネジメント規格であるＩＳＯ　３１０００が示すリスクの世界でもあります。そして、この本は、リスクの本質を専門書の視点ではなく、社会の一場面に垣間見られる様々な状況から考えようというものです。

リスクとは、未来の指標です。未来は、歴史上の人間の行動の中に見られるような繰り返し現れる普遍性と、過去のデータからは推測できない新たなシナリオとによって展開されます。したがって、リスクを考える際に、経験に基づく対応だけでは限界があり、論理によってその展開の可能性をいかなるところまで考えることができるかということが問われることになります。論理といっても、あらゆるリスクを算定できるリスクの構成方程式があるわけではありません。リスクは、いろいろな形で現れてきます。その様々な形を通して、少しでもリスクというものを理解できないか？　本書は、そういう試みの書です。

この試みは、『富嶽三十六景』[3]を見たときにヒントを得ました。『富嶽三十六景』は、葛飾北斎[4]が作成した浮世絵であり、ご覧になった方も多いことと思います。『富嶽三十六景』といえば、赤富士と呼ばれる『凱風快晴』が有名ですが、現在の横浜本牧沖から富士を眺めた『神奈川沖浪裏』や、丸い桶を通して見える三角の富士を描いた桶屋の富士とも呼ばれる『尾州不二見原』などのように、富士山をアクセントとしてその場所の風景を描いている絵も多いのです。『富嶽三十六景』では、富士山が主人公ではありませんが、富士山があることでこの絵で描きたいものが強調されているのです。

本書も、社会の様々な風景を描写することで、リスクの本質を描きたい。そのような思いで執筆した本です。リスクマネジメントを学ぶために必要なことは、リスクマネジメントの専門書の中にだけにあるわけではありません。文学の中にも、スポーツの中にも、リスクの本質を示してくれたり、リスクマネジメントの高度化に参考になることがたくさんあります。

リスクマネジメントは、リスクを小さくするために実施するものと思っている方も多いようですが、リスクマネジメントは、どのようなリスクを取るかということを決めるためにあります。このようなことも、リスクマネジメントとは全く無関係に思える人々の言葉からヒントをもらうこともあります。例えば、奥村土牛[5]に、「無難なことをしていたのでは明日は来ない」という言葉があります。リスクマネジメントは、可能性をいかに追求するかということなのです。リスクマネジメントを学ぶ機会は、我々の目の届く至る所にあります。例えば、正木浩一[6]の俳句に『明滅の滅を力に蛍飛ぶ』という句があります。「明」だけが力ではありません。「滅」もまた力なのです。また、鳥や虫は、順風のときは風を背に受けて遠くまで飛ぶことができますが、逆風のときのほうが、風を正面に捉えることにより高く飛ぶことができます。この本の中で、一つでも新たな視点を見つけていただければ幸いです。

この本では、章のテーマの最初に、ＩＳＯ ３１０００（ＪＩＳ Ｑ ３１０００）「リスクマネジメント―原則及び指針」に基づくリスクの考え方の要点を記してあります。ＩＳＯ ３１０００は、多様な価値観を有する社会や組織の問題を判断するためのリスクマネジメントの規格です。ＩＳＯ ３１０００は、多様な価値観を持つ社会や組織のリスクの考え方なのです。

また、付録としてリスクマネジメントの基本的な考え方を示してあるので参考にしてください。

この本の構成は、リスクマネジメントのステップの順に関係する風景を並べていますので、順番に読んでいただければリスクマネジメントの概念をわかりやすくご理解いただけると思います。

また、科学技術の風景、スポーツから見える風景、日本の教育の風景、安全の風景、企業経営の風景という五つの分野の話があります。自分の興味のある風景を読んでみたい方のために、この分野別の目次を用意しました。この目次に従って選んでいただければ、同じ分野におけるリスクマネジメントの様々な視点をご理解いただけると思います。

それぞれの興味に従って、この本を読んでいただければ幸いです。

２０１５年１０月

野口　和彦

1）夏目漱石（１８６７-１９１６年）小説家、評論家、英文学者。
2）草枕　夏目漱石の小説。１９０６年に『新小説』に発表された。
3）富嶽三十六景　葛飾北斎の作成した代表的な浮世絵で、各地から望む富士山の景観を描いている。
4）葛飾北斎（１７６０-１８４９年）江戸時代後期の浮世絵師。
5）奥村土牛（１８８９-１９９０年）現代日本画壇の代表的な日本画家の一人。
6）正木浩一（１９４２-１９９２年）現代俳人。

目次

リスクマネジメントの枠組み　51

リスクの特定　83

分野別目次

科学技術

スポーツ

教育

安全

企業経営

リスクとは何か

リスクとは、何か？　このことが、リスクマネジメントにおいて、まず問うべきことである。リスクの定義には、巻末の付録1に示すように様々なものがあり、その理解は一様ではない。しかし、リスクという概念を何のために活用するかという問いかけに答えることは、そう難しくない。なぜならば、どの定義のリスクであれ、リスクを考えるのは、よりよい未来を創るためだからである。したがって、リスクをどう考えるかは、その考え方が目指す未来の獲得に有益なものでなくてはならない。リスクマネジメントをその目的の達成に役に立てるためには、リスクを未来の指標として取り扱うことが必要である。リスクを考える際に何よりも大切なことは、リスクは過去の事象を整理したものではないということを認識し、これから起こり得る可能性として捉えることである。

ＩＳＯ ３１０００の視点

リスクの定義＊（２・１）

目的に対する不確かさの影響。

＊（　）内は、ＩＳＯ ３１０００の箇条番号。

注記1 影響とは、期待されていることから、好ましい方向及び／又は好ましくない方向にかい（乖）離することをいう。

注記2 目的は、例えば、財務、安全衛生、環境に関する到達目標など、異なった側面があり、戦略、組織全体、プロジェクト、製品、プロセスなど、異なったレベルで設定されることがある。

（以下、省略）

＊ このリスクの定義によって、リスクマネジメントが好ましくない影響の低減から、組織目的を達成するための最適化手法に変化した。

リスク特定の定義（2・15）

リスクを発見、認識及び記述するプロセス。

リスク特定のねらいは、組織の目的の達成を実現、促進、妨害、阻害、加速又は遅延する場合もある事象に基づいて、リスクの包括的な一覧を作成することである。

不確かさの定義（2・1　注記5）

不確かさとは、事象、その結果又はその起こりやすさに関する、情報、理解又は知識が、たとえ部分的にでも欠落している状態をいう。

第一景

豊かさの光と影——何を価値と考えるか？

人の価値観は様々であるが、豊かになりたいということについては、誰も異存はないであろう。しかし、求める「豊かさ」というものがどのようなものかということについては、必ずしも皆が同じことを考えているとはいえない。

老子に、[1]「天下に忌諱《きき》多くして民いよいよ貧し。民に利器多くして国家ますます昏し。」という言葉がある。規則や規制が多くなると、市民は貧しくなり、市民が便利なものを使い出すと国が危なくなるという意味である。老子の言葉によると、現代は民貧しく、国危うい時代ということになる。

豊かになってきたはずのこの社会が、老子の目からは貧しく危うい社会に見えるのは、どういうことであろうか？

規制が多くなるということは、自由度が小さくなるということであり、可能性が少なくなるということである。悪いことをなくそうとする規則も、悪くなる可能性だけを小さくするというわけにはいかないのだ。一方、可能性が大きいということは、ネガティブな影響をもたらす可能性も大きくなるということでもある。ここに、リスクマネジメントの難しさがある。

リスクマネジメントは、社会や組織が何を目的とするか、何に価値を置くかによって、リスクの評価が異なってくる。しかし、この目的や価値を共有することは、容易ではない。

市井の静かな生活に対する憧れがあっても、社会には様々な競争が存在し、その中で人々は悩んでいく。社会というものは不思議なもので、一人で考えると明確なことだと思えることが、社会として判断するとなると途端に物事が複雑になっていく。

また価値に関しても、その時代とともに変化していくものであり、今までと異なるという新しさに価値を見いだすことも多い。

特に、科学技術というものは、新しさを評価する傾向がある。もっとも、この革新性は、科学技術にとどまらない。加山又造[2)]は、70歳の時に天龍寺（京都）の雲龍図を描く際に、コンプレッサーを使った。水墨画を描くときに、伝統のにじみの技ではなく、機械を使ったのだ。芸術家が、高齢になっても、自分の芸を磨き続ける姿に頭が下がる。また、世阿弥[3)]は、『風姿花伝』で「珍しきは花」と言っている。芸術の世界では、いつも変わることが大切なようだ。このことを世阿弥は「住することと無きを花と知るべし」とも言っている。安定することへの戒めだ。

このように、新しいことを生み出すということは、価値を創造する。ただ、その価値がいつまでも続くとは限らないし、新しいことを求め続けるということの問題点も存在するのである。

国民の価値観は、その歴史によって形作られていく。社会や風土とは、自然に成立すると思われがちであるが、その成立には、様々な人々の意思が存在している。

岡潔[4)]は、日本の文化を考えるに際して、ギリシャの二つの文化に言及している。一つは、力が強いものが良いとする意思中心の考え方であり、ギリシャ神話がそれにあたる。一方、日本の神々は、天上で人々を見守るふうである。あと一つの特徴は、知性の自主性だという。知性に他のものの制約を受け入れないで完全に自由であるという自主性を与えたのはギリシャだけだったらしい。岡潔は、前者は日本に取り入れるべきではないが、後者はぜひ取り入れるべきだと説く。自分たちの社会と異なる価値に出会ったとき、どの価値観を受け入れるかは大事な判断である。

また、ぼんやりとテレビを見ていても、ハッとすることがある。司馬遼太郎[5]の戦後への話というテレビ番組を見ながら何となく次の考えが浮かんだのが、その例だ。

司馬は言う。「明治のリーダーたちは、旧士族であった」と。武士は、その存在が必要のないものであるだけに、武士であるための凛とした姿勢を保つという精神構造が生まれたのである。また、司馬は言う。「国家とは国民が作り上げるものだ」と。一人一人が、どう社会を担うか——それが問題だということだ。このことは、ケネディ[6]が、大統領の就任演説において「国があなたのために何ができるかを問うのではなく、あなたがあなたの国のために何ができるかを問おう」と国民に述べた考えと同じことだ。価値は、個人と社会との関係で語られると、時として多くの人に影響を与えることがある。

様々な意思、様々な思いを知ることで、自分の世界が変わっていく場合もある。

２０１４年３月11日に東日本大震災三周年追悼式（国立劇場）に参列した。ご遺族の思いが胸に迫る。息子を亡くした御遺族の言葉に涙がこぼれる。また別の御遺族はこう訴える。「お父さんが行方不明。探したいが避難指示があって探しに行けなかった。」その後、流された家の下でご遺体が見つかる。「あのとき探しに行っていればと、今でも悔いが残る。」と。原子力防災は逃げられれば良いと考えていた。でも、逃げるとできないこともあったのだ。

原子力などのコントロールが難しい科学技術を取り扱うことをどう考えるかは未だ社会の意見が定まっていないが、この難しい技術に挑戦することで、謙虚さや努力を継続するという精神を鍛えることができれば、それなりの意味があるようにも思われる。しかし、そのためには、技術に対する謙虚さと不断の努力が不可欠であろう。

リスクマネジメントとは、様々な可能性を知ってどう判断するかという学問である。この様々な可能性を知るということは、突き詰めていえば論理であるが、どう判断するかということは、個々人又は社会の価値観によるものであり、客観的に一意的に定まるものではない。何が大切かという基準が一つしかなければ、何も迷うことはない。でも、人は迷う。それは、大切なものが複数存在するからだ。個別の問題解決を行っても、個々の問題解決の方針がぶつかってしまうことがある。全体のフレームを見据えないまま、個別の問題解決をはかってもうまくいかないことが多い。

1）老子　古代中国の哲学者で、道教を説いた。
2）加山又造（1927-2004年）日本画家、版画家。
3）世阿弥（1363-1443年）室町時代初期の大和猿楽結崎座の猿楽師。現在の能である猿楽を大成した。
4）岡潔（1901-1978年）数学者。
5）司馬遼太郎（1923-1996年）小説家、ノンフィクション作家、評論家。
6）J. F. Kennedy（1917-1963年）政治家。1961年1月に第35代アメリカ合衆国大統領に就任。

第二景

負けない試合、勝つ試合

何がリスクかということは、一般に定義できるものではなく、その組織目的によって変化するものだ。したがって、リスクを洗い出す前には、対象とする組織やプロジェクトの目的を明確にする必要がある。しかし、目的を共有化するのは、そう簡単なことではない。同じ組織に所属していても各人には与えられた業務があり、それぞれの業務目的を持っているからである。

サッカーの試合を例にとって、リスクマネジメントの変化を考えてみる。これまでのリスクマネジメントは点を取られることを防ぐというディフェンダーの視点での捉え方であったといえる。一方、ISO 31000が示すリスクマネジメントは、試合を差配する監督の視点での捉え方である。

サッカーの試合では、ディフェンスを固めれば、守りは固くなっても攻撃力は弱くなる。スコアレスドローの引き分けでもよい場合は、それでもよいかも知れないが、勝たなくてはいけない試合では、守備に終始するわけにはいかない。点を奪われるリスクがあっても、点を奪いに行く戦術を取らざるを得ない。また時には、現時点でのチームや選手個々の力を確認することを目的とした試合もある。そのような試合では、無難な試合運びで戦っても試合を設定した意味がなくなる。

何が大きなリスクかは、その試合の目的によって変わるのである。また、リスクとはネガティブな影響だけをいうのではない。新しい選手を起用する場合には、その選手が犯すかも知れないミスだけを考え、できるだけミスの少ない選手を選ぶわけではない。選手を選ぶ場合は、その選手が期待よりもすばらしいパフォーマンスを発揮してくれる可能性も考えるのは当然であろう。積極的なプレーをする選手は、ミスが多いかも知れないが期待以上のプレーを見せてくれる可能性も高い。慎重なプレーを好む選手は、ミスは少ないが「あっ」と感動するプレーをする可能性は小さいかも知れない。選手を選ぶ場合、必ずしもミスが少ない選手から選ぶとは限らないのは、スポーツゲームを好きな方には常識のことである。何らかの選択を行う際には、ネガティブな影響だけを考えれば良い成果が出るとは限らないのである。

現代のリスクとは、目的に与えるポジティブ・ネガティブの両方の影響をいう。そして、リスクマネジメントとは、その目的に対してリスクの最適化を行うことである。

現在のリスクの概念は、その影響の観点を、安全を阻害する危険性のように好ましくない影響には限定されてはいない。リスクは顕在化した影響として、好ましくない影響と好ましい影響を共に含み、また期待値から乖離しているものとして定義付けられているのである。そしてリスクマネジメントは、好ましくない影響の管理手法から不確かさを取り扱うマネジメントとして有効性が拡大した。

ＩＳＯ ３１０００では、リスクは、「目的に対する不確かさの影響。」と定義された。そして、注記として、「影響とは、期待されていることから、好ましい方向及び／又は好ましくない方向に乖離すること。」と記されている。そして、「目的は、例えば、財務、安全衛生、環境に関する到達目標など、異なった側面があり、戦略、組織全体、プロジェクト、製品、プロセスなど、異なったレベルで設定されることがある。」とされている。

目的に対する不確かさの影響という概念は、目的の達成に対して、何らかの原因（原因の不確かさ）が、何らかの条件下（起こりやすさや顕在化シナリオの不確かさ）によって起こる何らかの影響（影響の不確かさ）の可能性をリスクとして定義したということである。

この好ましい・好ましくないという概念には、二つの捉え方がある。このことは、これまでの一般的なリスクマネジメントにおいては、理解が難しいかも知れない。一つは、文字通り社会的に好ましい、好ましくないと考えられている価値観によって判断される双方の影響である。もう一つは、期待値からの乖離の方向が、好ましい方向か、好ましくない方向かによって定まる場合である。利益が出てもその数値が期待しているものよりも少なければ、好ましくない結果となる。

また、好ましい影響と好ましくない影響は、同じ種類の影響の増減である場合もあれば、異なる種別の影響である場合も考えられる。

前者の典型的な例に、投資に関する判断がある。投資に関する主な影響は、予想よりも利益が増える又は減るという利益に関する双方の可能性が常にある。たとえある額の利益を得るとしても、その額が目標よりも低ければ、差額は好ましくない影響として整理される場合は、後者の視点である。

また、好ましい影響と好ましくない影響を同時に考える例として、ある分野の投資を強化することによって、利益が増加したり消費者からの評判が上がるという好ましい影響が考えられると同時に、その投資を行うために安全投資を削除したため事故が増えたり、投資をある分野に集中することによって他の機会を逸するなどの好ましくない影響が発生する場合が挙げられる。このときに注意をしなくてはならないのは、このリスク分析をその投資の責任者が行えば、投資がもたらす好ましい影響に注意を奪われ、他の機会の損失などの投資とは関係のない影響を見過ごしがちなことである。

第三景　ドイツ人は皆サッカーが好きか？

１９９４年にアメリカでＦＩＦＡワールドカップが開催された。この大会期間中に、私はベルリンでＩＳＯのリスクマネジメント規格作成のワーキングに参加していた。このワーキングは過酷な作業環境で、月曜日から金曜日まで毎日８時間ひたすら議論を重ねていく会合であった。このような国際会議では、議論は当然英語で行うことになるが、休み時間や食事の時間の会話も英語になる。これが結構つらい。リスクマネジメントに関する議論は、専門なので何とかなるが、他の国のメンバーと食事をするときの会話では、話題の選定にも英単語にも苦労する。（日本の食事でも、仲居さんが行う食事の説明を外国の方にしようとすると結構難しい。「戻りかつお」……何て訳すのだろう……「returned bonito」らしい。）

ドイツは言わずと知れたサッカーの強豪国であるので、ドイツのメンバーと話をするときにはサッカーの話をしていればよいと思い、サッカーの話題を用意して食事会に臨んだ。２日目の昼食のとき、私の隣はドイツの委員であった。この機会に、早速用意したサッカーの話題を切り出した。そのときの彼女の答えが今でも忘れられない。私にすまなそうな顔をしてこう言ったのだ。「私はサッカーには興味がない。」

確かに日本人すべてが相撲に興味があるわけではないように、ドイツ人だからといってサッカーに興味があるとは限らないことに思い至るべきであった。何しろ、あのサッカー王国のブラジルでさえ、ワールドカップ開催反対のデモが起きるのだから。

思い込みは危ないという話だが、リスクを考える際も同じことで、起きる可能性を考える際に、これだけを考えておけば大丈夫と思い込むのはよくないということだ。

希望は、時として予測に変わる。人は、自分の都合のよいようにものを見る癖があるようだ。日本の代表チームの指揮官に有能な人物が欲しいと思えば、その候補者の実績や優秀性の視点を重視するあまり、その人物が持っている好ましくないことが起きる可能性の重大性について深い検討にまで至らず、結局、途中解任という結果を招いたりする。また、建設すべき施設を選定する場合、権威によって、特定の機能の優秀性を認められると、その経費、建設期間、技術の実現性などいくつかの不確定要因に対して、その影響を軽んじることが起きてしまったりする。

リスク分析は判断を支援するために行うものであるが、結論を先に決めてしまうと、リスクの検討が形式的になってしまう場合がある。

このことは、検討するリスクをどのように決めるかという際も気を付けるべきである。

人は、自分が大切だと思っていることや大きな失敗を経験したことがらに、重きを置く傾向がある。しかし、今社会が何を考えるべきかということは、個人の価値観や何を経験したかということだけで決まるわけではない。そこには、社会の過去、現状とともに未来の可能性を考え併せるということが大切という視点の欠如が見られる。

一方、失敗したことを繰り返さないという理屈は納得されやすい。とりあえず、再発防止を行うということは大事であるが、「とりあえず」が「とりあえず」で終わってしまうところに日本の課題がある。

日本では、地震災害で被害が最大になるような想定を行うことが多いが、実際の地震災害は、想定した被害が発生するとは限らない。また、最大被害を想定すれば、あらゆる状況を網羅できるわけでもない。例えば、防災計画の対象となる地震の発生状況としては、地震時に火災が発生することを考え、火災の延焼被害が最大になると思われる冬の夕方を想定する場合が多いが、真夏に地震が発生した場合、停電によって冷房機能が効かなくなり、熱中症になることも考えられる。冬場の被害が大きくなると思い込んでいると、「あっ」ということになりかねない。

リスクの起こりやすさも正確に把握するのは難しい。例えば、リスクの値として、1年当たりの発生確率が10%という言い方をすることがあるが、このように表現される多くの場合は、確率分布の中央値であることが多い。図1からわかるように、個別の発生確率は、中央値

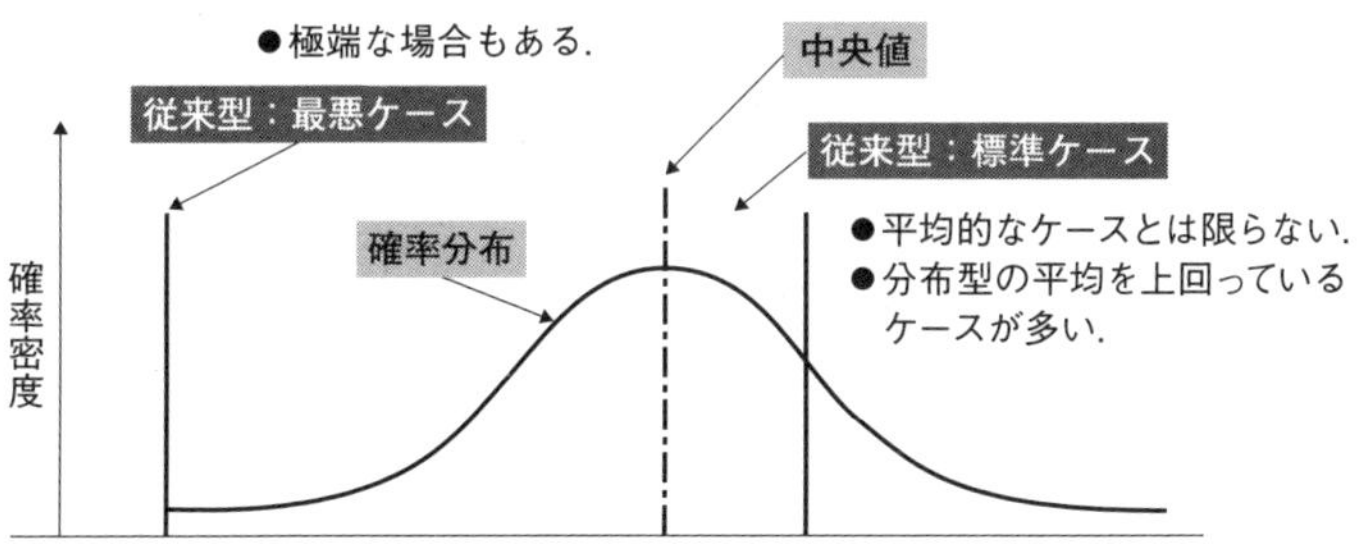

図1　確率の分布図

より大きい場合が半分あるのだ。

リスクの起こりやすさを知るとは、真実を追求することではない。リスクの起こりやすさは、あくまでも起こる可能性であって、これまでの発生した事象の統計値だけで推定できるとは限らない。リスクの起こりやすさとは、これから先の可能性であるため、本当の値を知ることはできない。起こりやすさを把握するとは、その事象の可能性をどのように考えるかということだ。

リスクマネジメントの原則

リスクマネジメントを学ぼうとする者は、いかにリスクを定量的に把握するかということに着目しがちであるが、分析の細かな技術を学ぶ前に、リスクマネジメントの考え方を理解しておくことが重要である。

リスクマネジメントは、動的で、繰り返し行われ、変化に対応するものである。そして、リスクマネジメントは、継続的に変化を察知し、対応する。それは、外部及び内部で事象が発生し、状況及び知識が変化し、モニタリング及びレビューが実施されるにつれて、新たなリスクが発生したり、また、既存のリスクの中には変化したり、なくなったりするものがあるからである。

ＩＳＯ ３１０００の視点〔3 a)、f)、g)、h)〕

リスクマネジメントは、価値を創造し、保護する。リスクマネジメントは、安全衛生、保安、法律及び規制の順守、社会的受容、環境保護、製品品質、統治、世評などの、目的の明確な達成及びパフォーマンスの改善に寄与する。

リスクマネジメントは、最も利用可能な情報に基づくものである。リスクの運用管理のプロセスへのインプットは、過去のデータ、経験、ステークホルダからのフィードバック、観察所見、予測、専門家の判断などの情報源に基づくものである。しかし、意思決定者は、利用するデータ又はモデルのあらゆる限界、及び専門家の間の見解の相違の可能性について自ら認識し、これらを考慮に入れることが望ましい。

リスクマネジメントは、組織に合わせて作られる。リスクマネジメントは、組織が置かれている外部及び内部の状況、並びにリスク特徴と整合する。

リスクマネジメントは、人的及び文化的要素を考慮に入れる。リスクマネジメントでは、組織の目的の達成を促進又は妨害することがある外部及び内部の人々の様々な能力、認知及び意図を認識する。

第四景　未来は変わる

リスクは、過去の統計指標でなく、未来の指標である。このことはリスクの意味を考えると当たり前のことであるが、現状のリスクを危険だと想定されることとして考えようとすると、どうしても過去の経験に頼るほうがわかりやすいということになる。現在のリスクの把握のほとんどが過去の整理になってしまっているのは残念なことだ。そうなってしまっている主な理由は、リスクを定量的に評価しようとすると、どこかで起きたことや経験したことを対象としないと評価できないからである。しかし、私には、リスクの分析が過去の整理にとどまっている理由は、それだけではないような気がする。リスクという概念をマネジメントに導入することの意味が理解されていないように思われてならないのだ。

これから起きることが、これまでと同じであれば、過去の事象の発生状況を把握していることでこれからのリスクにも対処できるが、環境が変わればリスクは変わるものだ。したがって、リスクを把握するということは、将来の環境の変化も考慮したものでなくてはならない。リスクに影響を与える状況は、組織の内外にある。リスクを特定する前に、将来の環境の変化を予測するということが忘れられがちなのである。

人は成功体験からなかなか脱することができない。そのため、これまでうまくいった方法で何度も事態を解決しようとするものだ。しかし、過去にうまくいったということは、過去の環境とそのときの方法が合致していたということでしかない。したがって、環境が変化すれば合致する手法も変わるということを知るべきだ。

サッカーの試合は、過去に圧倒的に勝ち越している相手であっても、今回も勝てるとは限らない。相手チームも自分のチームも以前とは変わっているからだ。

そして、サッカーは、一つの試合の中でも試合展開をどう読むかで、その作戦は異なってくる。最初から、スパートをかけて運動量の多い攻撃パターンを繰り返せば、後半は必ず運動量が落ちる。前半で圧倒的にボールを支配していても、後半に逆転されるのはこのパターンが多い。

また、選手交代を考える場合にも、今の試合状況とともに今後の展開の読みが重要になる。劣勢を挽回しようと交代枠3人をすべて使ってしまえば交代枠がなくなり、その後に選手がケガをした場合には、10人で戦わなくてはいけないことになる。

さらに、サッカーの試合の位置付けも、将来のチーム展開を考えながら、その試合に勝つためだけではなく、将来の目標（例えば2018年FIFAワールドカップにおいて良い成績を上げる）のために、その試合が運営されることもある。

数年後に強いチームを作るためには、単に過去に実績がある選手を集めて試合を行うのではなく、数年後の各選手のパフォーマンスの予測をしたり、他のチームの育成状況を見たりしながら、様々な試みが行われるのである。

サッカーのプレーでいうと、中田英寿選手の出現によって日本のパスが随分と変わった印象がある。中田選手は、日本代表としてのＦＩＦＡワールドカップに3大会連続出場を果たし、アジア年間最優秀選手賞にも2回選ばれた名選手である。１９９５年、ベルマーレ平塚に入団し、１９９８年のフランスW杯で活躍し、21歳でイタリアのセリエＡ・ペルージャへ移籍した。さらに、名門ＡＳローマ、パルマなどで活躍した。

それまでの日本サッカーは、どちらかといえば、パスを受ける選手は足元、すなわち今いる位置でボールをもらい、ボールを受けてから走り出すというプレーが多かったような気がする。そういうプレーに慣れていると、中田選手のプレーの意味が最初はよくわからなかった。中田選手は、人のいないところにパスを出すことが多く、最初は随分とパスの精度の悪い選手だなと思ってしまったのだ。彼は、人のいないところにボールを送り、そこにパスを受ける選手が走り込むことを要求していたのである。サッカーでは、相手の守備の弱いところを狙い、そこに選手が飛び込めば、チャンスはそれだけ多くなるのは当然である。したがって、今選手がいる場所ではなく、将来その選手がいてほしい場所にボールを蹴るのは当然であろう。今では、当たり前のこのプレーが、その頃の私には新鮮だった。

今の状況ではなく、少し先の状況を予測してプレーを行う。リスクマネジメントが要求していることも、実はそのようなことである。

第五景

企業にＣＳＲは必要か？

社会の構造は、人の行動パターンを作り上げていく。

『パリ、娼婦の街』（鹿島茂著、角川学芸出版、２０１３）を読むと、資本主義が発達して都市化が進むと娼婦は急増するらしい。さらに、経済が高度化して、女性の社会進出が進むと、娼婦は減っていくらしい。社会というものは、人々の手によって創り上げられていくものであるが、人々もその社会から影響を受けるのだ。

また、それまで必要だから買うという行動パターンを、デパートが発明されたことによって消費意欲を創造し、消費の必要が発明されるようになったという話も面白かった。人間の工夫・発明は、社会の常態を変えていくのだ。

したがって、現代の企業の経営にとって、社会との関係を良好なものとすることは重要な課題である。この社会に対する企業行動の考え方がＣＳＲ（Corporate Social Responsibility　企業の社会的責任）と呼ばれる活動として総括され、その遂行が企業に求められている。

ＣＳＲとは、企業が社会とどう向き合いながら持続していくかという基本姿勢を社会に示すものである。したがって、単に規則を守っているというレベルで十分であるわけではなく、たとえ法規などには抵触しなくとも公衆が眉をひそめるような行動は行わないことが大切であり、企業の品格につながっていくものである。この品格を保つ経営行動は、我が国では昔から「暖簾《のれん》を大切に」という言葉で、繰り返しその重要性を説かれてきたものである。

「暖簾」とは、お店の軒先や出入口に吊るした布製の垂れ幕のことであるが、一般的に店の屋号や商標や代表商品名などを染め抜き、お店の象徴であり信用の証との意味を持たせていた。そのため、開店・開業のことを「暖簾開き」と言った。さらに、信用ある従業員には、「暖簾分け」ということで、店の信用も一緒に分けて、独立をさせたものであった。

CSRとは、このような信用を社会（昔は世間といったが）から得ることができるような活動をしようということであり、そのためには、世間に恥ずかしい行動はしないという心構えが「暖簾を大切に」という言葉に象徴されているわけである。

「暖簾は家にではなく心にかけよ」という言葉もある。お客様や社会から信用されることが何よりも大切だということを伝える言葉である。信用をされるためには、商人道徳や卑しい行動をしない品格が必要である。人に品格があるように、企業にも品格がある。これからは、CSRという概念を通じて企業の品格が問われることとなる。

『現代に生きる三菱精神』（堀憲義著、企業精神研究会、1973）という著書の中には、三菱の創業者である岩崎弥太郎の『実業に従う者は、廉直と操守を重んじなければならない。わが社の精神は、国家の公益を維持保全する精神である。』という言葉が紹介されている。また、三菱の三綱領を掲げた岩崎小弥太の『社会に対して、国家に対して重要なる任務を遂行することが我々職業の第一義である。正当なる利益を得ることに努むることが、我々職業の第二義であると信じる。』という言葉も印象に残る。

かつての経営者の志に触れるにつれ、現代においてこの言葉の意味の重さをもう一度考えてみる必要がある。

ＣＳＲは、企業が社会の一員として果たすべき義務をしっかりと守ることと同時に、社会の一員として積極的に社会に貢献する側面を重視する。

企業にとっての社会とは、製品やサービスを買ってくれる市場、投資をしてくれる資金源、そして監視者として集合体と考えがちであるが、それだけではなく、企業が存在する基盤であり、企業自体が構成要素となっている母体であり、より良い社会を創ることは、事業の成否以前に組織存続の前提である。

企業は、マルチ・ステークホルダ視点に立脚した社会的な満足を提供することが必要である。企業を取り巻くステークホルダを図２に示す。

リスクマネジメントでは、リスク特定の前に、ステークホルダとのコミュニケーションを行うことになっている。

このコミュニケーションを十分に行うためには、ステークホルダをきちんと把握することが大切だ。

我々は、自分の商品を買ってくれる顧客や自分に評価を下す者の意見には注意を払うが、直接、接することの少ない相手の意見には無関心である場合が多い。

我々がいかに多くの人に支えられているかを知ることが大事だ。リスクマネジメントは、そこから始まる。

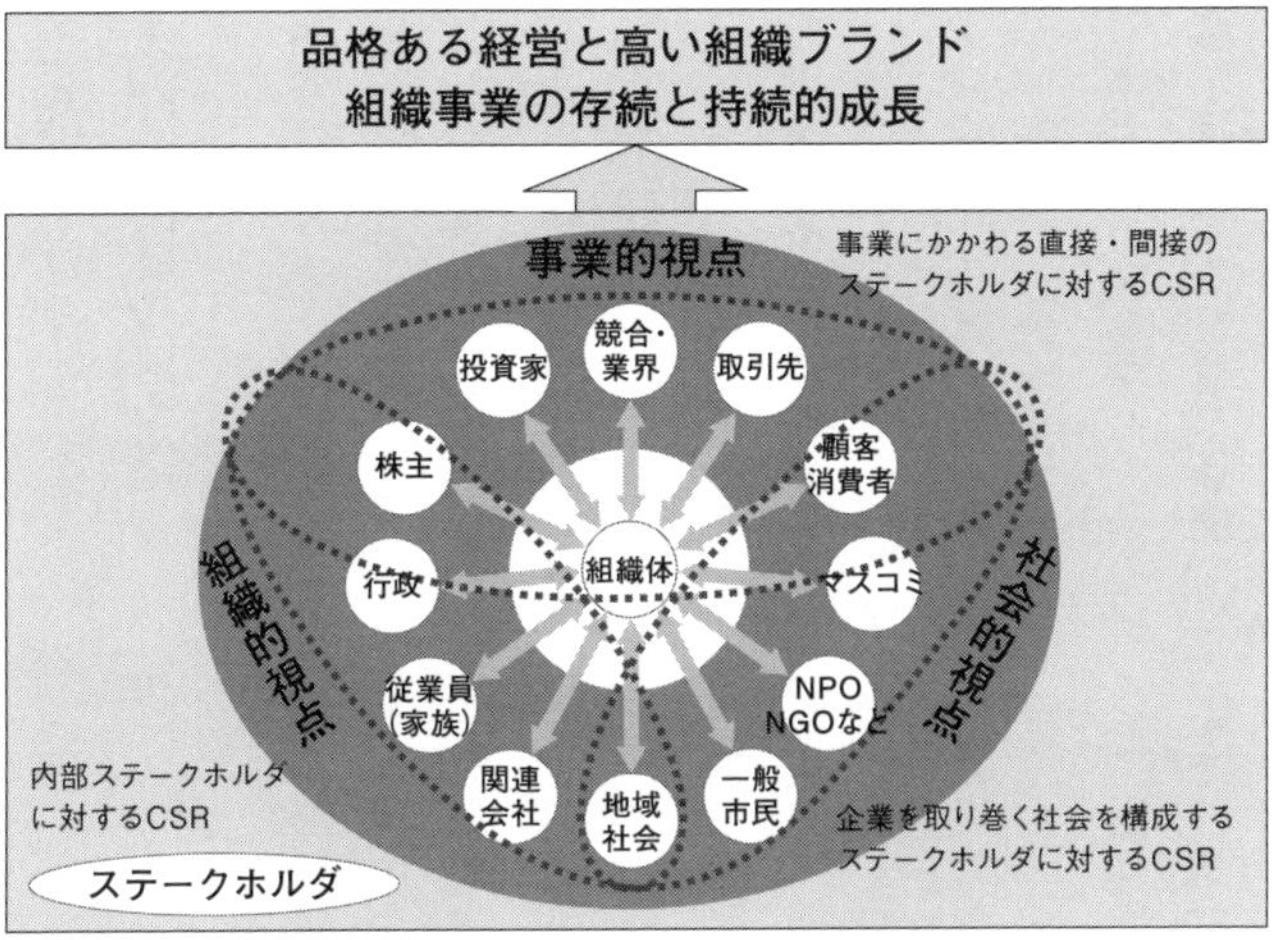

図 2　企業を取り巻くステークホルダ

第六景　スポーツと科学技術は、世界をつなぐか？——辛亥革命からロボコン、オリンピックへ

洋の東西を問わず隣国と仲良くするのは難しい。その例外にもれず、近年、日本と中国の関係に軋みが出ている。日本と中国の関係は紆余曲折だが、日本と中国が手を取り合ったこともあった。１９１１年から１９１２年（民国元年）にかけて、中国で起きた辛亥革命である。革命が始まった１９１１年の干支が辛亥であったことからこのような名称となっている。この辛亥革命に、日本人が大きな寄与をしているのを知っている人も少なくなっているかも知れない。辛亥革命を助けたその人は、宮崎滔天という。宮崎滔天は、熊本県荒尾市出身であり、「辛亥革命の三尊」と称される孫文、黄興、章炳麟を結び付け、１９０５年に中国同盟会を結成させ革命の大いなる力となった人である。革命後に荒尾を訪れた孫文は、これらの献身的な行為に感謝して、「宮崎兄弟と自分とのような友情を日本と中国の国民が持ち続けたなら、千万年の後までも日本と中国は提携融和ができ、幸せに発展できる。」とまで言っている。

日韓関係でも、思い出すことがある。ＦＩＦＡワールドカップ・フランス大会のアジア予選でのできごとだ。それは、１９９７年11月１日、アジア地区最終予選グループＢ第９節、ソウルでの試合でのことであった。日本は、この予選において思うような成果が出せず予選突破を決めることができな

いでいた。もし、この大会で予選を突破できなければ、W杯の本大会に出場経験がないまま自国開催を迎えなくてならないという状況に追い込まれていた。

この予選突破を決める大切な試合で、韓国のサポーターは、「Let's go to France together」と書いた横断幕をスタジアムに掲げた。韓国は本選出場を決めていたとはいえ、これまでトラブルの多かった日韓戦を考えると画期的なできごとであった。日本はこのアウェーの試合において2対0で勝利し本選出場を決めた。この試合では、韓国のサポーターは、試合後にも「ニッポン」コールを行ってくれ、日本のサポーターもこれに応えた。新たな日韓関係が始まったと思った瞬間であった。

このように、そのときの人々がどのように考えるかで、国と国との関係はどのようにも変化する。オリンピックもその大きな機会になるであろう。リスクは、その環境に応じて変化する。リスクもまたその時代の影響を受けるのである。ということは、我々は環境を変えることによってリスクを変えられるということである。リスクは、予想するだけの対象ではない。自分たちが望むようにリスクを変えていく努力が大切だ。

人と人との関係を変えていくのは、スポーツの世界だけではない。ロボコンのような科学技術のイベントも、その契機となりうる。ロボコンにもいろいろな規模・形式のものがある。国際大会で最も多いのは、国対抗の形である。この形式のロボコンは、各チームが国旗を背負い、応援にも熱が入る。激しい戦いの中での友情も芽生えるであろう。一方、国際的なロボコンには別の形式のものもある。各国から集まった参加者が、国を越えてチームを作り、ロボットを製作していく形だ。この形式を持つものに、我が国のロボコンの提唱者である森政弘先生とその仲間の先生方が行っている中学生を対象とした国際Jrロボコンがある。この大会では、各国の子どもたちが集まり、腕を競っていく。そのチームが、国際混成チームというのが素晴らしい。

このような、経験を積み重ねることにより、子どもたちが、多様な考え方を知り、科学技術を通してお互いの理解が深まれれば、こんなすばらしいことはない。

スポーツと科学技術は、無関係ではない。スポーツの世界も、科学技術の力を必要としているのである。２０２０年に東京でオリンピックが開催されることが決まったが、現代のスポーツは、科学技術抜きでは語れない。

スポーツの器具、道具をはじめとした周辺環境は、科学技術によって大きく変化した。水泳で高機能の水着を着た選手が世界記録を立て続けに出したし、ヨット競技では、高度な科学技術シミュレーションにより設計された艇でなければ勝つことが難しくなった。陸上競技でもウレタン舗装のトラックは、高速トラックと呼ばれ記録の出やすい施設と認識されている。

ゴルフボールの性能の良いディンプルの形状やテニスラケットやスキー板の優れた素材は、米国のＮＡＳＡプロジェクトからスピンオフして生まれたものだ。社会の最先端科学の成果が、スポーツの世界にすぐに応用される時代なのだ。このような技術開発が続けば、パラリンピックの記録がオリンピックの記録を上回ることも珍しくなくなるだろう。

スポーツの練習にも科学技術が取り入れられ、自分のフォームを科学的に分析し修正していくなどの最適な練習プログラムが作成されるようになった。現代のスポーツの祭典は、科学技術の祭典でもある。スポーツも科学も人の世に大きな影響を与える。その活用の仕方で我々のリスクは大きく変化する。

第七景　日本は安全大国か？

社会や組織においてリスクマネジメントを適用しようとする場合、まず現状をどのように評価するかが大事である。

２０１１年3月11日に発生した東日本大震災を経験して、日本の安全神話が崩れたという意見がある。では、東日本大震災を経験する以前の日本は本当に安全な国であったのであろうか。

安全に関するいくつかのデータがある（図３参照）。まず、自然災害に関する被害であるが、通常は安全なレベルで終始しており自然災害に強い日本の姿を示している。しかし、１９９５年と２０１１年に大きな被害が発生していることに注目していただきたい。阪神・淡路大震災と東日本大震災の発生である。自然災害の大きなトレンドを図から読み取ると、二つの大震災のあった年は特異な年に見える。しかし、これが現代のリスクの特徴である。

自然災害の動向に見られる、普段は何事もなくても、一旦発生すると巨大な被害をもたらすという現代社会の災害の特徴は、自然災害だけでなくシステム事故にも当てはまることである。普段は、安全な社会であるが、一旦災害が発生すると巨大な被害が発生してしまう。富が集中するところに地震などの脅威が襲うと、必然的に被害は大きくなる。このような状況が、リスク対応を難しくするのである。日頃からトラブルが発生していれば、人々は安全の大切さを意識し、その対応の必要性も理解する。日常が安全であればあるほど、安全への意識は薄くなってしまう。

危機管理を適切に行うには、事象としての危機の形を知っておく必要がある。危機には、①被害や影響の大きな事象と②時々刻々悪化する事象の二つの形態がある。一般に危機として想起しやすいものは、①の形態であり、多くの危機管理において初動の必要性が強調されるのも、この形態を念頭においたものである。しかし、意外と②の形態によって危機に陥る場合が多い。自然災害では、大雨による洪水、事故ではトラブル対応の失敗による大事故などがそれにあたる。また、最近の危機の特徴として、短時間の集中豪雨による河川、下水道の水位の急激な上昇など突如として顕在化する巨大被害の形態がある。さらに、地震時の危険物施設事故への対応のような複合災害や、情報社会の新たな危機、パンデミック、高度化するバイオ産業や化学産業のリスクに対する対応など、必ずしも検討が十分で

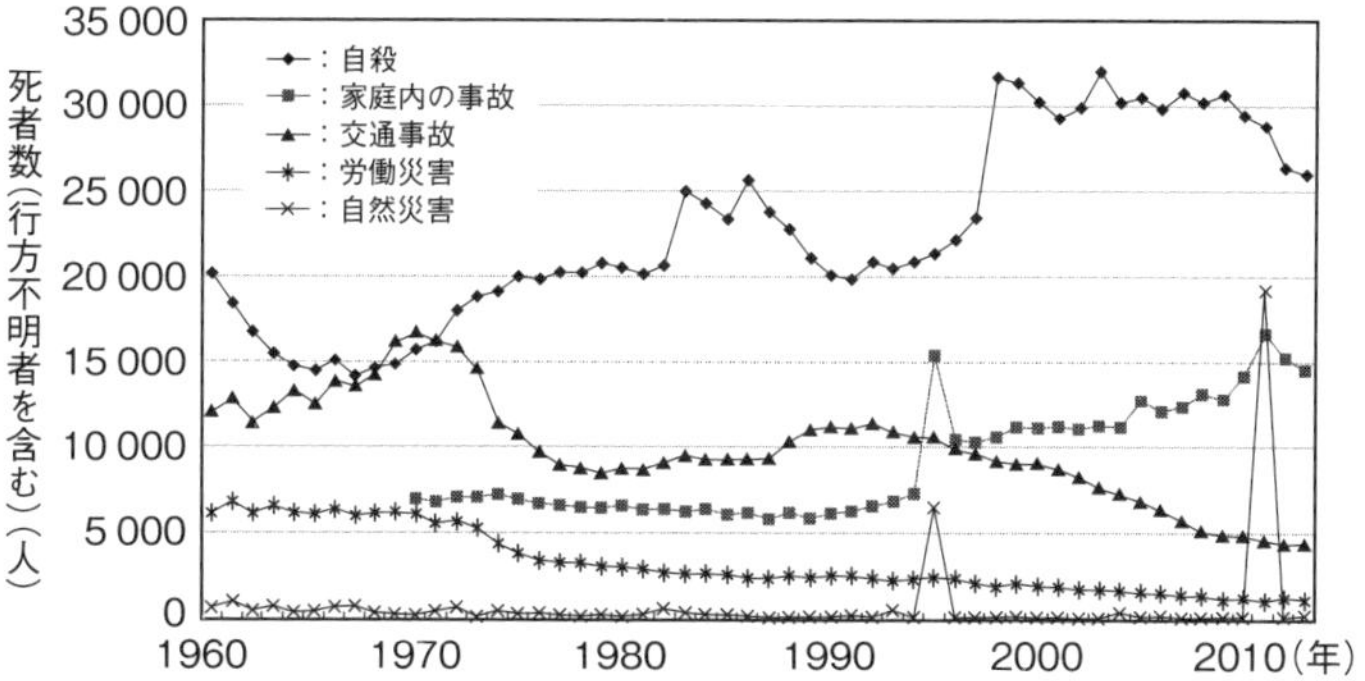

図 3　日本の事故・災害状況

（出典：内閣府自殺対策白書，厚生労働省人口動態統計，総務省統計局統計データ，内閣府防災白書，厚生労働省報道発表資料より作成.）

ない危機の形態もある。
図3を見ると、日本で傾向としては、家庭内の事故が増加していることが挙げられる。今後、日本の標準家庭は「夫婦と子ども」という世帯から単独世帯に移っていく。家庭で事故が発生しても、助けてくれる人がいないという状況が多くなり、救急車の出動回数は多くなるであろう。

さらに、問題なのは、自殺の多さだ。殺人は、他の先進国と比べて日本は少なく安全な社会といえる。不慮の事故は他の国と同様のレベルであるが、自殺に至っては、他の先進国よりはるかに多いという状況だ。これでは、決して日本は安全だとはいえないであろう。日本の自殺者は、年間3万人を超え、これは毎年東京マラソンに参加する人と同じくらいの人数である（図4参照）。

リスクを検討する際に、社会や組織の持つイメージを前提にすると、リスクを正しく認識できなくなる。周辺の状況をありのままに捉えることが、リスクを考えるときには大事なのである。

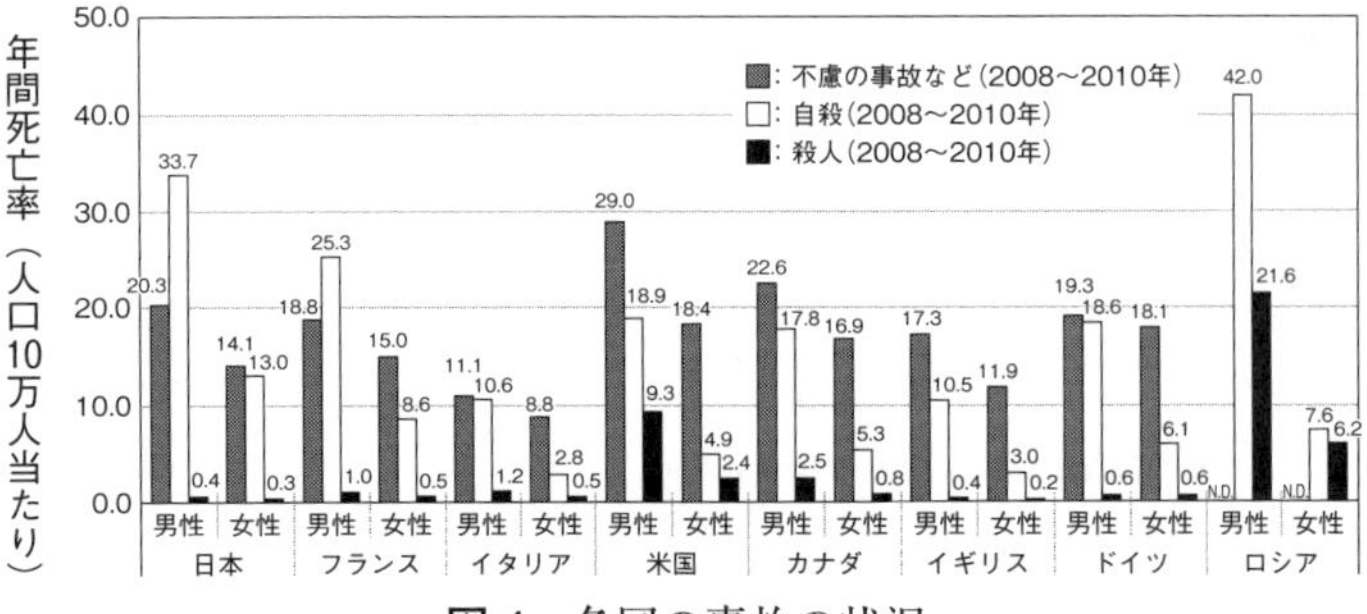

図4　各国の事故の状況

（出典：国連統計部 人口統計年鑑 2011 より作成）

第八景　ロボット博士に教わったこと

「第2回　今後の日本を支える技術教育の在り方」で、東工大名誉教授森政弘先生[1)]の話を聞いた。物事の本質には、陰と陽の二つが必要という話であった。陰陽の説明の中で印象に残ったのが、刃物の話だ。

刃物という言葉で、皆が思い浮かべるのは、切る刃の部分である。刃物の実態はナイフの刃の部分だと考える人が多いが、実は刃物には切れる部分と切れない部分が必要だというのが先生のお話であった。切れない部分がないと刃物を持つことができないからだ。また、別の話も印象に残った。かつて、本田宗一郎氏が森先生に車が走るために必要なものはアクセルで、止まるために必要なものはブレーキかと問うたことがあったそうで、そのときに森先生がそうだと答えると、「ブレーキのない車で走れるか」と再び問うたそうだ。

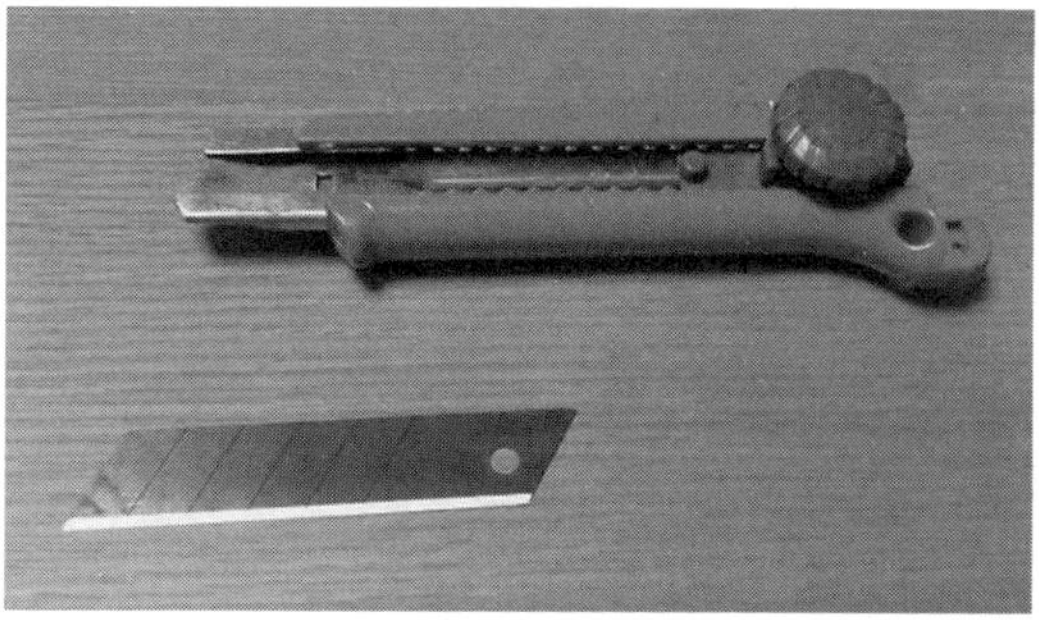

図5　刃物の写真

先生の話は、さらに続く。陰陽の本質を「原」というがその本質を「空《くう》」といい、現象を「色《しき》」という。「空」は、ハタラキ（動）であり、「色」は森羅万象であるという。陽は、知る、分析、言葉、知識であり、外から内に向かうものであり、陰は、気付くこと、総合的、体験、知恵であり、内から外へ向かうものであるということだそうだ。

先生の話は、方程式に及ぶ。F=maという方程式を見て、陽は、知っている、値を導入して計算できると考える。陰は、美しい、宇宙を道程と直感する。なるほど、陰と陽という見方があることによって、違った様相が捉えられるのだということを教えていただいた。

美しいということを感じる美的感性と科学技術は一見無関係のように見えるが、そうではなさそうである。私の大学の専攻は航空工学であるが、翼の設計において「性能の良い翼は美しい」と教わった。

湯川秀樹[2]は、「まず、直感で把握し、後で理性で処理する」という。寂室禅師[3]は、「正しく思え、主体となれ」と教える。この主体となるというのは難しい。

先生の話は、さらに続く。教師は、知識や解き方を教えると思われているが、本当に優れた教師は、生徒の心に火をつける。使命感、義務感さえ超えよ。ただ楽しんで、教えよ、習え……　うーむ、なんと高いハードルであろうか。芸大には教卓がないという話も面白かった。教えるものと教えられるものが分離していないことが素敵だ。大学の教員も学生から学ぶ姿勢が必要だなあと改めて思った次第であった。

今の教育は、食欲をわかせずに、栄養だけを流動食で与えているとも指摘をされた。ロボコンについて「苦しく楽しかった」と作文を書いた中学生がいた話を紹介され、苦しくて楽しいという陰陽二つの考えが重要だとまとめられた。

未来の見方も、この陰陽の見方で、多様に捉えていくことが大切だろう。安全や防災とは、人の生死を考えるものだが、今は、生き残ることだけを考えている。

死ぬことは、確かにリスクであるが、生き残るのも、またリスクである。

リスクマネジメントには、安全理論、確率論などの多くの学問が関わっているが、個々の手法を学べばリスクマネジメントが会得できるわけではない。リスクマネジメントでは、社会や現象をどのように捉えるかといった視点の持ち方や世界観も大切である。

個々の要素をどのような構造として整理するかによって、その対象の有り様が大きく変わって見えてしまうのだ。

1） 森政弘（1927- ） 工学者、仏教徒。東京工業大学名誉教授。ロボットコンテストの創始者であり、「ロボコン博士」と呼ばれている。
2） 湯川秀樹（1907-1981年） 理論物理学者。1949年、日本人初のノーベル物理学賞を受賞した。
3） 寂室元光禅師（1290-1367年） 南北朝時代の臨済宗の僧。

リスクマネジメントの枠組み

リスクの運用管理のための枠組みの設計及び実践の前に、組織の外部及び内部の状況の双方を評価し、理解することが重要である。なぜなら、これらが枠組みの設計に重大な影響を及ぼすことがあるからである。

ステークホルダは、リスクに対する自らの認知に基づいてリスクに関する判断を下すので、ステークホルダとのコミュニケーション及び協議は重要である。その認知は、ステークホルダの価値観、ニーズ、前提、概念及び関心事の差異によって、様々に異なることがある。

リスクマネジメントにおいては、目的と目的を達成するための手段を明確に区別することが大切である。手段は、目的を達成するためのものであり、必要に応じて変えることができるものである。

ＩＳＯ ３１０００の視点

枠組み（4・1）

リスクマネジメントの成功は、リスクマネジメントを組織全体のすべての階層に定着させるための基礎及び取決めを提供するマネジメントの枠組みの有効性にかかっている。この枠組みは、組織の様々な階層及び特有の状況の中で、リスクマネジメントプロセスを適用することを通じて、効果的なリスクの運用管理を手助けするものである。

コミュニケーション及び協議（5・2）

ステークホルダは、リスクに対する自らの認知に基づいてリスクに関する判断を下すので、ステークホルダとのコミュニケーション及び協議は重要である。その認知は、ステークホルダの価値観、ニーズ、前提、概念及び関心事の差異によって、様々に異なることがある。ステークホルダの見解は意思決定に著しい影響を与えることがあるため、ステークホルダの認知を明確に特定し、記録し、かつ、意思決定プロセスの中で考慮に入れることが望ましい。

組織の状況の確定（5・3・1）

組織の状況を確定することによって、組織は、目的を明確に表現し、リスクの運用管理において考慮するのが望ましい外部及び内部の要因を定め、以降のプロセスに関する適用範囲及びリスク基準を設定する。

リスク基準の決定（5・3・5）

組織は、リスクの重大性を評価するために使用される基準を規定することが望ましい。この基準は、組織の価値観、目的及び資源を反映したものであることが望ましい。基準の中には、法律及び規制の要求事項、並びに組織が合意するその他の要求事項によって組織に課せられる、又は導き出されるものがある。リスク基準は、組織のリスクマネジメント方針との矛盾がなく、あらゆるリスクマネジメントプロセスにおいて最初に規定され、継続的にレビューされることが望ましい。

第九景

芸術と科学のパトロンシップと安全

マドリードのプラド美術館やパリのルーブル美術館を訪れると、その絵画の質と量に圧倒される。欧州の芸術は、王侯貴族そして教会の庇護の下、大いに発展してきた。教会や貴族が芸術家に投資をしなければ、現在の欧州文化は花開かなかったし、我々が歴史的文化遺産を享受することもできなかった。かつての絵画には、教会の教義をわかりやすく市民に普及するという目的や、貴族のお見合い写真の代わりに肖像画を書かせるなどの実用的な目的もあったが、その目的遂行のためだけではあれだけの投資はできない。才能に投資をするパトロンシップは、権力と富を持つ者の重要な要件であったのだ。

パトロンシップは、富を環流させる機能でもある。経済というものが、本来、富を循環させる機能であるならば、その循環の仕方が重要である。富をためるだけの金持ちは、決して尊敬されることはない。蓄えた富をいかに使うか？　このことが、その人の価値を決める。

では、現代はどうだろうか？　企業は、利益が出るとわかれば、投資を行う。しかし、芸術、スポーツという分野への投資は、短期的利益獲得への効果を期待できないため、社会貢献というＣＳＲの視点か、企業宣伝の手段として実施されている。したがって、これらの分野への投資は、経営状況によって大きく左右されることになる。

科学技術への投資も同様で、目の前の競争を勝ち抜くための研究開発投資は、優先的に実施されるが、長期的な視点での投資や、効果が定かでない分野への研究投資は、芸術への投資と同じく、財政状況や経営環境に大きく左右される。

成果の見通しが難しい分野への投資を躊躇することは、激しい競争にさらされる企業としては、当然かも知れない。しかし、ここで問題となるのは、才能に投資をしてくれる金持ちは、現代では、国と企業しか見当たらないということだ。

例えばノーベル化学賞を見てもわかるように、科学技術は、その投資から成果が認められるまで長い年月がかかることもあり、その価値判断は難しい。しかし、短期的視点による投資に終始していると、結局は企業の競争力を奪うようになる。

一方、国の科学技術への投資も近年は潤沢とはいえなくなってきた。緊縮財政の中では、科学技術予算は優遇されてきたように見えるが、少なくとも海外と比べると、その投資額も伸びも優位に立っているとはいえない。

パトロンシップには、他の投資と異なり才能を愛《め》でるという視点が重要だ。才能への投資が時代を変えていく。才能を愛でる視点を持ち、なおかつ投資の合理性を確保するには、伯楽[1]の能力を持つ人が必要となる。千里の馬は常にあれども伯楽は常にはあらず。日本に一番欠けているのは、千里の名馬ではなく、伯楽かも知れない。競争しているのは、名馬だけではない。伯楽もまた競争にさらされている。伯楽の闘いというのは、既存の価値観との闘いでもある。

横山大観や菱田春草らを育て後に茶の本を書いて日本の文化を世界に知らしめた岡倉天心[2)]も、東京美術学校を排斥され、上野谷中に日本美術院を設立し苦労を重ねた。岡倉天心の谷中の東京美術院での歌に、「谷中うぐいす初音の血に染む紅梅花　堂々男子は死んでもよい　奇骨侠骨開落栄枯は何のその　堂々男子は死んでもよい」というのがある。新たな価値観を生み出すのが闘いであるということがよくわかる歌だ。

菱田春草の卒業制作で、その評価が教授間で分かれたものを、岡倉天心は最優秀とした。その後、春草が工夫した画風は朦朧体と呼ばれ、評価されない日々が続く。

世の中の一歩先を行くことは難しいものだ。

この状況は、ヨーロッパでも一緒だ。印象派が評価されずに苦しみ、その印象派が、点描のジョルジュ・スーラを認めない。自分の価値を自分で凌駕することは難しいことだ。これは、科学技術の世界でも同様である。人の評価は、そのときの社会や組織の環境によって大きく変わるものだ。

人を育てるための環境整備という視点に立てば、企業経営においても考えるべきことだ。経営者は、組織運営において望ましい組織環境をつくる必要がある。組織風土・文化は、その組織の運営に大きな影響をもたらすのだ。

経営者は、社員により良い環境をもたらすパトロンでなくてはならない。

リスクマネジメントは、そのプロセスを理解しても、それだけでは十分に活用できるとは限らない。

リスクマネジメントを実施するメンバーがその能力を十分に発揮できる環境を整備する必要がある。そして、その環境を整備するのは、経営者の役目である。

リスクマネジメントにおいても、組織の文化とリスクマネジメント方針を確実に整合させることを求められる。また、安全への適用でも、組織文化に整合した安全推進すなわち社員の納得の得られやすい安全へのアプローチを検討する必要があるし、組織風土に安全を相対的に軽んじる傾向がある場合は、組織風土自体を変化させる試みを行う必要がある。

そして、このような安全に適した風土を構築するためには、経営者が安全活動に必要なリソースを適切に配分することが求められる。経営者は、あらゆるステークホルダにリスクマネジメントの便益を伝達することが求められる。

また、安全に関して、目標の設定、リソース配分、リスク分析の妥当性評価、対策の実施、対策効果の確認、体制の維持などの責任が、組織内のどこにあるかを明確にして、その責任の遂行を確実に行う仕組みを構築・運営することが、安全活動におけるリスクマネジメントを有効に活用する第一歩である。

リスクマネジメントの導入、並びにその継続的な有効性の確保には、組織経営の強力かつ持続的な公約とともに、公約を全階層で達成するための戦略的で綿密な計画策定が必要となる。経営者は、次の事項を実施することが望ましい。
・責任及び責務を組織内の適切な階層に割り当てる。
・リスクを取り扱うための枠組みが常に適切な状態であり続けるよう徹底する。

1） 伯楽　古代中国にいた馬の目利きの名人。
2） 岡倉天心（1863-1913年）　思想家。文人。

第十景　時代とともに変わる教養と芸

源氏絵[1]や伊勢絵[2]を見ると、その時代の富貴者が源氏物語や伊勢物語を常識として知っていたことがわかる。かつての日本では、知識人の多くには共通の知識基盤があったということだ。現代ではどうであろうか？　十人のいわゆる有識者と呼ばれる人達が集まって、共通の知識基盤というものがあるであろうか？

夏目漱石に関する美術展でも、明治の文豪の美術に対する見識の高さ、そして彼の美術感に関する自信のほどが見受けられる。『草枕』における美術の話はよく知られているが、『三四郎』を読み返してみると、多くの美術に関する表記があることに驚かされる。黒田清輝の描いた『湖畔』[3]、グルーズの描いた『少女の頭部像』、ウォーターハウスの描いた『人魚』[4]など、その視点も確かなものだ。『坊っちゃん』にも、ターナーの話が出てくる。[5]赤シャツが島に生えている松を見て、幹が真直で、上が傘のように開いてターナーの絵にありそうだと言うと、野だいこが、全くターナーだと相槌を打つ場面がある。この後、赤シャツは、この島をターナー島と名付けることになる。このターナーとは、イギリスの画家であるウィリアム・ターナーのことであり、疾走する蒸気機関車を描いた『雨、蒸気、スピード―グレート・ウェスタン鉄道』が有名である。中学生で『坊っちゃん』を読んだときは、こんなエピソードは読み飛ばしていたが、今読み返すと、漱石の教養の深さに改めて頭が下がる。この時代の有識者と現代の有識者の素養とがいかに異なるかということを考えさせられてしまう。

現代では、大学を出ていても源氏物語を読み通した人は多くはあるまい。私も、源氏物語はあらす

［湖畔］

［少女の頭部像］

じしか知らない。明治という近代でも、有識者の博識さは、現在と比べ物にならない。ここでいう知識とは、今でいうクイズ王的知識ではなく、芸術に対する感性も含めた知性の高さである。その時代の環境が人を創るということであろうが、「明治は遠くなりにけり」ではすまないような気もする。

［人魚］

［雨, 蒸気, スピード―グレート・ウェスタン鉄道］

やはり、時代が人を創るということか。

時代を反映するのは、有識者の認識だけではない。市民の関心こそ時代の鏡であろう。市民に親しまれる芸である落語の中で古典落語と呼ばれるジャンルがある。江戸時代から明治時代に創作された落語で、三遊亭圓朝[6]によってまとめられたものが多い。落語とは不思議なもので、そこで演じられるストーリーは多くの観客にとって既知であり、演者の話しぶりを楽しむ芸である。ただ、この古典落語も、やはり時代とともに変化する。芸もまた時代の子供のようでもある。

『茶の湯』という落語は、ご隠居と小僧が根岸の隠居所で茶会を始めようとするが、茶道を知らないご隠居が知ったかぶりをして、騒動を巻き起こすという話である。抹茶ではなく青黄粉《きなこ》を買ってしまい、茶筅でかき回しても泡立たない。それで、泡立つ材料が足りないのだと思い立ち、ムクの皮を入れてしまうという話である。ムクの皮は、石鹸として使われていたもので、泡立つがとても飲めるものではない。この古典落語も、今、三遊亭遊馬が演じる『茶の湯』ではムクの皮の代わりについにママレモンが登場する。

観る目が異なれば、その価値観、判断基準というものも異なってくる。このことは、社会像についても同様だ。社会とともにあるリスクが変化しないわけはない。リスクの視点もまた時代の産物である。したがって、リスク分析を行うに際して、組織の内外の状況及びその変化を把握することは、目標達成のための有効なリスク分析を行うために必要である。

組織の内外の状況の変化で注目すべきことは、様々であるが、ここでは安全活動に関して注目すべき項目を挙げておく。

① 安全、環境など広義に安全に関係する法規の動向
② 安全の許容などの価値観に関する国内外の考え方の変化

多くの人の安全を包括的に捉えるという考え方を採用し、理論的にあらゆる要求に１００％応えるということを目指すと、経費、時間などが天文学的に増大するため、ここに確率論を採用することの意義が出てくる。

③ 組織の諸目標に変化を与える国内外の法規・財務・技術・経済・自然・競争の環境の変化
④ 企業内のガバナンスの考え方
⑤ 安全及び事業に関する資源並びに知識という観点から把握される能力（例　資本、時間、人々、プロセス、システム、技術）
⑥ 安全に関する情報の流れ、意思決定プロセス
⑦ 安全に関する企業内部の各組織の立場、認識
⑧ 組織が採択した諸々の規格、指針、モデル

1）源氏絵　源氏物語を題材とした絵画。
2）伊勢絵　伊勢物語を題材とした絵画。
3）黒田清輝（１８６６-１９２４年）明治から大正にかけて活躍した洋画家、政治家。
4）Jean-Baptiste Greuze（１７２５-１８０５年）フランスの画家。
5）J. W. Waterhouse（１８４９-１９１７年）イギリスの画家。
6）三遊亭圓朝（１８３９-１９００年）落語家。三遊派の総帥、宗家。三遊派のみならず落語中興の祖と呼ばれている。

第十一景

事故は現場だけで起きているのか？

東山魁夷[1]に『秋翳[2]』という作品がある。この作品は、抽象と具象の境目の絵であり、魁夷は飽きさせない抽象画を書こうとすると具象を入れたほうがよいという考えのようだ。背景は、対象を引き立たせるものであるが、この絵の価値は、紅葉の山より背景の灰色の空の描写に時間をかけたところにもあるようだ。この描きたい対象と背景の関係は、現場とマネジメントの関係にも似ている。

事故が起きると、その原因は、多くの場合、事故を起こした現場に求められる。そのために、安全の向上には、現場重視ということが言われたりする。『踊る大捜査線』という映画の中で、「事件は会議室で起きているんじゃない。現場で起きてるんだ。」という科白《せりふ》[3]があった。本社の会議室において議論していても、現場の問題は理解できないし、解決できない。このような意見に、賛同する人は多いであろう。

確かに、事故が発生する場所は、現場であることが多い。しかし、そのことと事故の原因が現場にあることとは同じではない。

図6を見ていただきたい。対象は一つであっても、光の当て方によって影のでき方が異なる。現場は、主として事故の物理的な影響に注目しがちである。大きな破裂音がしても、実際に物理的な支障

が発生しても時に重大な事故だとは考えない。しかし、周辺住民は大きな音に驚き、何が起きたのかという不安が増すであろう。現場にいるから見えないリスクもあるのだ。

中越沖地震のときに、柏崎刈羽原子力発電所から黒い煙が立ち上り、しばらく火災が消火されない状況がテレビ中継で放送された。その地震は、２００７年7月16日に新潟県中越沖を震源とするマグニチュード6・8の地震で、震源地から約16㎞に同発電所が立地しており、稼働していた2号機、3号機、4号機及び7号機は、自動停止した。そして、3号機タービン建屋外部の変圧器からの発煙があり、初期消火活動が開始された。4名で消火栓による消火活動を開始したが、消火設備間の配管破断により、屋外に敷設されているろ過水の放水量が少なく、消火が進展しなかった。その後、火災を起こした変圧器の油が燃え始めたため、消火担当者は危険を感じ安全な場所に退避し、消防署の到着を待った。テレビで中継されたのは、この場面である。この変圧器の火災は、放射性物質の漏えいなどにつながる事故ではなかったが、この状況を見ていた多くの国民は不安

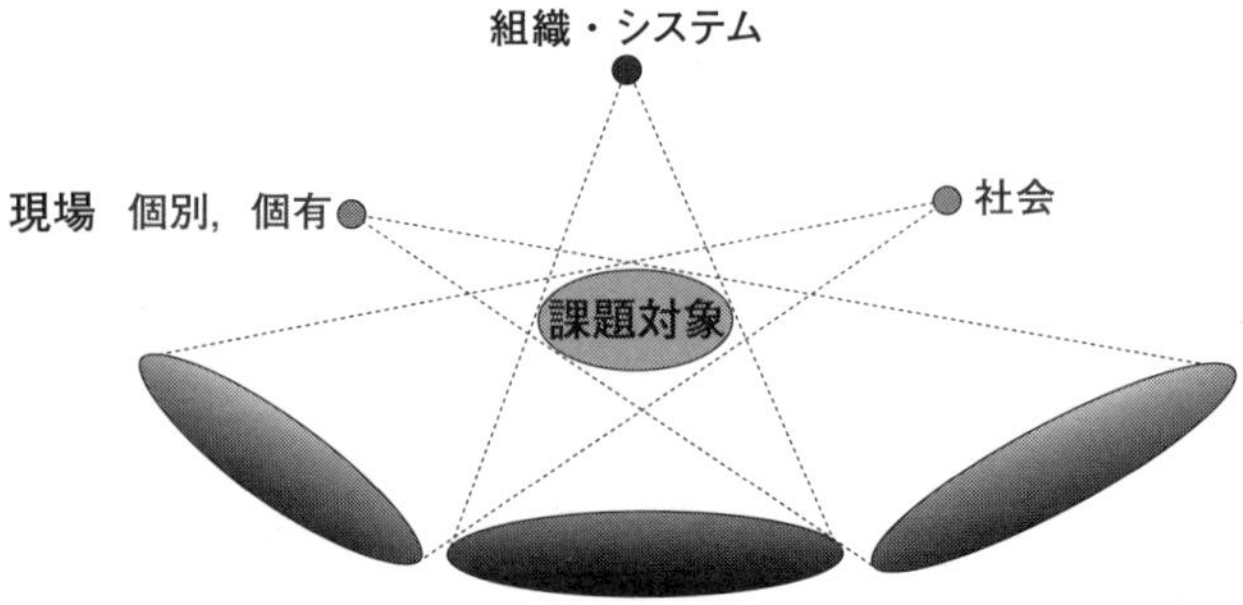

図６ 物の見方によって変わるリスク

に思ったに違いない。

このように、対象が同じでも、その重大さに関する見え方は、立場によって異なるのである。

別の話をしよう。かつて、食品工場において、製品への異物混入の分析の研修を行った際に驚いたことがあった。まず、食品の製造工程において、どのプロセスにおいてどのような物が混入する可能性があるかという分析の質の高さに感心させられた。そして、この感心が翌日は驚きに変わるのである。翌日は、異物混入をした製品を出荷してしまったらどのような影響が出るかという分析であったが、この分析結果が、前日の分析に比べてあまりにもお粗末だったからだ。同じメンバーで、なぜこのような分析レベルに差異が出るのかを考えさせられた。考えてみれば、実は当たり前のことで、彼らは食品製造のプロであるので、異材が混入する過程に関しては分析できるのだが、異材を混入した製品が出荷されると会社や社会にどのような影響を与えるかということに関しては、決して専門家ではないのである。

現場に詳しいからといって、その事故の社会的影響に関してきちんと分析ができるとは限らないのだ。こういう点からも、事故に関しての現場の判断が、常に正しいとは限らないということがわかる。

リスク分析は、その原因となる事象の専門知識を持った人で分析されることが多い。しかし、リスクの影響は、その原因事象と、影響を受ける社会や組織の関係で決まるものだ。リスクの原因事象を詳しく分析しただけでは、リスクの全貌がわかるわけではない。

1）東山魁夷（1908-1999年）昭和を代表する画家、著述家。

2）秋翳　1958年東山魁夷作。1回新日展に出品。

3）踊る大捜査線　織田裕二主演の「警察ドラマ」。テレビ・映画で放映。この科白は「踊る大捜査線 THE MOVIE 2 レインボーブリッジを封鎖せよ！」でのもの。

第十二景

努力をすれば人生はどんどん苦しくなる

ここでのテーマは、努力ということであるが、努力というと受験勉強を思い出す。受験勉強には、知識を増やすという側面と、受験に関係ない領域には興味を持たなくなるという側面がある。どちらの側面が、その後の人生にどう影響を及ぼすかは、どのようなつもりで受験勉強をしたかということによって変わってくる。

また、受験勉強には、社会に出る際のステップアップとしての一面と、その人の能力開発を行う一面があるが、進学を人生のステップアップの手段として考える際に、心しておくことがある。

それは、努力をすればするほど、人生はしんどくなっていくということである。有名大学を出れば幸せな人生が送れるという夢物語を信じている人はもはやいないとは思うが、少なくとも楽になると思っている人はいらっしゃるかも知れない。しかし、それは逆である。楽をしたければ、自分の現状に見合った環境で満足して生きていくしかない。努力をすれば、戦うステージがだんだん高くなる。

足の速い子供は、町内会での運動会に勝つことで満足していれば、何も苦労することはない。しかし、この子供も市の代表になって県大会に出ようとすれば、少しは練習する必要が出てくる。そこで、県代表になれば、次の舞台は国体ということになり、さらにトレーニングは過酷になる。そして、日本代表になってオリンピックのような国際大会が舞台となれば、そのトレーニングは過酷を極め、24時間をタイム向上に捧げることになる。

努力をするということは、戦うステージを高くするということであり、高いレベルでの戦いは、より厳しいものになるということだ。

努力は、楽をもたらすのではなく、より厳しい戦いの舞台を用意してくれるのだ。

ある空手武道家は言う。一般の人は、試合に勝つために練習をしていると思っているが、武道家というものは、練習をするために試合を行うのだと。

何が目的か、手段かを明確に意識することが大切だ。有名大学に合格することを目的にすれば、不正をしても合格しさえすればよいということになってしまう。

一方、受験勉強により獲得する能力が有用かという視点も様々である。

孔子は言う。「学んで思わざれば暗し。思うて学ばざれば即ち危うし。」——知識を得ても考える力がないと賢いとはいえない、考える力があってもその材料となる知識が不足していると危ないということだ。

知力とは、この知識と考える力の双方をいう。受験勉強は、知識は増やしてくれる。語呂合わせによる年代記憶などのテクニックを身につけることもある。歴史は暗記科目ではないし、歴史の流れを理解することが歴史学の本質であるが、個別の知識が役に立たないわけではない。

また、受験は、掲げた目標を突破するという成功体験により、物事をやり遂げるという力を身につけることもできる。

英数国の偏差値教育に反対する人が多いが、私は特に反対ではない。自分が全体のどの位置にいるかを知ることは悪くない。ただ、ここで気を付けなくてはいけないのは、英数国の偏差値でわかるのは、試験を行った英数国の分野に限った位置付けであり、その人の人格や能力を位置付けるものではないということだ。絵が得意、スポーツが得意という評価は問題がなくて、英数国の評価を明らかにするのは良くないということは理解ができない。英数国の力なんて、その人の能力のほんの一部にしかすぎないのだから。

リスクの重大さの評価も、そのリスクをどの視点から見るかによって大きく異なる。ある人にとって、とても重要な問題でも、他の人にとってはどうでもよいことがある。したがって、組織でリスクマネジメントを実施するためには、リスクを見る視点や価値を組織内で共有することが必要だ。

第十三景

お客様は材料で料理を評価するのか？

昨今起きている社会の事件を見ていると、はてなと思うことも多い。例えば、有名ホテルやデパートにおける食品の誤表示の問題が相次いだことも、その一つだ。食材偽装問題はかつてから存在していたが、２０１３年に多くの企業で発覚した。

この食材偽装の状況を見ていると、料理人が自分の腕よりも、原材料のブランドのほうが評価されているということを認めていたとしか思えない。高級食材でなくてもこんな味が出せるのかという驚きを客に与えようという職人の誇りがなかったのがさびしい。

機能がある一定のレベルを超えると、一般の人にはその差異がわかりにくくなる場合がある。それは、食品も工業製品も同じである。全体機能に差がつかなくなると、差別化のためには、価格やブランド、もしくは特定の要素を強調することになる。この要素の強調において不正が行われたのが、今回の食品偽装・誤表示問題である。工業製品に置き換えると、純正部品を使用しているか否かという問題になるのかも知れない。

一般の人が、完成品から個々の要素の機能などが正しく使用されているということを検査・確認することは難しく、メーカーの信用・ブランドによるところが大きい。

信用を築くためには長い時間がかかるが、失うのは一瞬である。食品事業も工業製品も過去のブランドに頼るようになったら、先が見えている。信用やブランドは、守るものではなくて、築き続けるものであろう。見栄えや、宣伝の仕方によって商品価値を高める手法には限界がある。消費者はいつまでもだまされ続けはしない。技術さえ高ければ、消費者に支持されるというわけではないが、少なくとも技術を軽んじる姿勢を持つ企業が支持されるわけがない。

科学技術では、ローテクを用いてより高度なことを実現できることが、技術力としては高いと評価されることが多い。それは、簡単な基礎技術でより高度なことができるほうが、技術や科学の本質を理解していると考えられるからである。ただ、科学技術は、科学技術の発達のために存在するわけではなく、技術の先鋭化を行えばよいわけでもない。科学技術は、あくまでも社会を豊かにする手段でしかありえない。目指す目的を見失うと、短期的利益を出すことが目的となってしまい、そのために最も効果的な手段であれば、嘘、ごまかしということが正当化されてしまう。

今なお、日本製の工業製品の信用は高い。しかし、日本製というブランドだけに頼っていると、同様のことが起きるかも知れない。なぜ、日本製が信頼されているのか？　そのことを忘れないことが大切である。そのためには、常にステークホルダの意見に耳を傾ける必要がある。

ＩＳＯ ３１０００では、「外部及び内部のステークホルダとのコミュニケーション及び協議は、リスクマネジメントプロセスのすべての段階で実施することが望ましい」（5・2）とされている。

安全分野においてもリスクコミュニケーションという概念が、危険物施設やバイオ技術のような新技術開発において用いられているが、その効果に関しては、十分な状況であるとは考えられていない。その原因の一つには、リスクコミュニケーションに関する考え方があげられる。

我が国においては、リスクコミュニケーションは、リスク分析を実施した結果を共有するものと考えられているが、最新のリスクマネジメントでは、リスク分析を始める前に、関係者の価値観を共有するためにも、コミュニケーションが重要であるとされている。

ステークホルダは、リスクに対してそれぞれの認識に基づいてリスクに関する判断を下すため、ステークホルダとのコミュニケーション及び協議は重要である。こういった認識は、ステークホルダの価値観、要求、前提、概念、関心事の差異により、様々に異なる可能性がある。ステークホルダの見解は意思決定に著しい影響を与える可能性もあるため、ステークホルダの価値観を明確に捉え、記録し、意思決定プロセスの中で考慮に入れることが望ましい。

第十四景

「安全第一」では実現できない安全社会

経済が成長し社会が便利になれば、我々の生活は豊かになると思われていたが、現実は厳しいもので、社会の進歩によって社会生活に新たな脅威ももたらされている状況になっている。社会の進歩と安全活動の進歩は、お互いを意識しながら競争をしている状況にある。この競争において、安全の進歩が社会の進歩に負けたとき大きな被害や不安が発生することになってしまう。安全の推進が、社会の成長との競争に勝ち抜くには、我々が目指す安全・安心というものの概念を明確にしておく必要がある。

安全・安心とこの二つを対にして語ることが多くなったが、安全と安心の差異を明確にすることは難しい。安全は客観的、安心は主観的なものだという考え方があるが、ISO／IECガイド51[1]やISO 12100[2]では、「安全」は「許容できないリスクから解放された状態」と定義されている。安全が、許容できないという主観を含んでいるということに注意が必要だ。安全も客観的な概念ではないのだ。では、安全と安心の違いはどこにあるのか？　それは、対象とするものが「現象」と「組織」の違いだけなのかも知れない。すなわち、安全とは影響をもたらすシステムや現象もしくはそのシステムを運転する担当者の能力に対する許容性であり、安心とはそのシステムなどを運営する制度や組織に対する信頼性をいうのではないか。

工学システムが安全であっても、そのシステムを運用する組織が信頼されなければ、そのシステムを稼働させることはできない。したがって、より高度な安全安心社会を実現するという社会の要求に応えるためには、安全論と安心論の二つを合わせた新たなる安全体系が必要となる。

「安全」という研究分野だけ考えても、検討すべき領域は広い。物質論やプロセス論のように理学・工学として研究されてきた分野から、ヒューマンファクターや社会論までの幅広い領域を含む。この広い安全の研究分野を一人でカバーすることが不可能なのは当然であるが、だからといって、自分の研究領域だけ推進すれば、社会が安全になるというものでもない。

安全に関わる研究者は、常に社会状況を観察し、社会をより安全にするための課題を探す必要がある。特に高度化された社会における安全を考えることが難しいのは、その安全の担保が再発防止にとどまらず、経験したことのない事故や災害の未然防止にまで至る必要があるからだ。そのために、リスク論が開発されてきたが、リスク論を有効に活用することも容易ではない。

安全には、そのリアリティが重要であり、10^{-6}／年という確率でも、その現象によって意味を考えることが重要だ。リスクには、「人体への影響などに不確定性があるが、その濃度などは実測や経験的に把握できるもの」もあれば、「その顕在化シナリオ自体に不確定性があるもの」もある。巨大システムにおけるリスクは後者の問題であり、10^{-6}／年レベルの発生確率を持つ事故シナリオを網羅することは現段階では難しい。リスク論を安全検討の主役にするためには、超高速のコンピュータの力を借り新たな分析手法の開発が必要である。

また安全研究には、様々な分野があり、その対象とする事故現象によっても有効な手法は異なる。労災の世界で重要な概念である「安全文化」は安全の基盤として定着が図られている。しかし、10^{-6}／年レベルの発生確率しかない事故シナリオの洗い出しなどの問題は、組織文化の向上だけでは解決できず、精度の高い分析技術の開発が必要である。

さらに、安全社会の実現には、法規との関係を明らかにしておくことも重要だ。我が国においても、安全を確保するための様々な法規が存在し、安全確保に向けての対応を図ってきた。しかし、これまでの安全に関する法規の動向を見ていると、大きな災害や事故が発生した後に強化されていることが多い。法規の順守は、必要条件ではあっても、十分条件ではない。

巨大科学技術システムにおいて市民に支持される安全活動を行うためには、法規の順守にとどまらず、施設の運転の継続を実現し、市民の安全への信頼を確保するための安全目標を明確に定めるべきである。社会の安全目標を設定するためには、対象となるシステムや現象の知見だけではなく、その目標を適用する社会自体への知見がなくてはならない。

安全目標は、技術システムの大きな物理的被害を防ぐ視点から、巨大科学技術システムの安全に対して市民の支持を得るという視点に変えて設定すべき時期にきている。そのためには、市民の安全に対する不安、要求を分析する必要もある。そして、分析したリスクへの対応を効果的に行うために、最新の科学技術の粋を集めた巨大技術システムの安全に関する総合評価を行い、経営技術、施設のハード技術、運転・保守のソフト技術などの総合レベルの向上を図る研究開発が必要である。さらに、市民が求める安全レベルを達成するために、そのシステム固有の工学的管理技術だけでなく、一般工学的安全技術や組織の運営、保守点検に関するマネジメント技術の向上も図ることが必要である。

安全工学の挑戦すべき荒野は広大で、乗り越えるべき山ははるかに高い。フロンティアに恵まれた我々は幸せである。

安全といっても、その捉え方が様々であるように、リスクといっても、その意図するところは、人によってそれぞれである。地震リスクというようにリスクを限定しても、人々が思い浮かべることが同じとは限らない。

リスク分析により組織の意思決定を支援しようとする際は、リスク分析に入る前に、関連する概念の共有化などの十分な事前の準備が必要となる。

---

1) ＩＳＯ／ＩＥＣガイド51　安全側面—規格への導入指針
2) ＩＳＯ　１２１００　機械類の安全性—設計のための一般原則—リスクアセスメント及びリスク低減

第十五景

リスクを判断する物差し

判断するには、その物差しが必要である。この物差しが一つではないところに、判断の難しさがある。しかし、物差しが一つでないことが、重要なことかも知れない。

宇宙の構造を考えていて思う。宇宙に粗密があるように、価値は偏在しているのではないかと。いや偏在しているからこそ価値なのではないだろうか。

もし、価値が単一であるとすると、すべての人が幸せになるということは、非常に難しいということがわかる。全員の価値観が同じで、幸せが最もその価値体系の中で優れたものを勝ち取ることだとすれば、幸せになれるのは一人しかいないからだ。

全員が幸せになる数少ない方法の一つは、価値の多様化しかない。

ただ、破綻を防ぐという価値観は、大切にすべき価値観の一つであろう。

東京電力福島第一原子力発電所の汚染水漏れのニュースを見るたびに、子供の頃に見た『姿三四郎』というテレビ番組を思い出す。

姿は、矢野正五郎に山嵐という自分で開発した技をかけ、投げ飛ばす。矢野は、姿に「この技を使ってはならぬ」と言い渡す。「なぜですか」と問い詰める姿を、矢野は同じ技で投げ飛ばしてこう言う。「この技を編み出したお前でも、この技を防ぐことができない。防ぐことのできない技は殺人技だ。」と。

コントロールできない技術は使ってはならない。これもリスクを判断する際の一つの基準である。リスク評価は、組織が置かれている状況を考慮して設定された判断のためのリスク基準と現状リスクを比較して、対応の必要性について検討するものである。

我が国におけるリスクマネジメントでは、分析した現状リスクを見てその対応を判断する傾向にある。つまり、リスク分析の後にリスクの判断基準が作成されるのである。

しかし、本来、リスク基準は、分析の前にその組織の考え方を示すものとして設定されなくてはならない。リスクの判断は、リスク基準と分析したリスクを比較して行うため、リスク基準が定まっていなければ、分析の項目や必要とされる精度もわからないということもその理由の一つである。

また意思決定では、自組織への影響の他に、リスクが置かれている更に広い範囲の状況について考慮し、法律、規制及びその他の要求事項を満足する必要がある。更には、他者が負う諸リスクの許容度についての検討も含めなくてはならない。

周辺環境によっては、リスク評価の結果、更なる分析を実施するという意思決定が導き出されることもある。また、リスク評価の結果、そのリスクについては、既存の管理策を維持する以外は何の対応もとらないという意思決定が行われることもある。この意思決定には、組織のリスクに対する姿勢並びに設定されているリスク基準が影響を及ぼす。

評価に関しては、その組織の持っている安全目標や経営理念とリスク基準が矛盾をしていてはいけない。

リスク基準の作成方法には、様々な考え方がある。

まず、法律は必ず満足しなくてはならない。さらに、自分の組織や業界が定めた規則も守るべき基準である。

リスク基準には、国などの公的機関が定めるものもある（表１参照）。

また、日本の化学プラントの現状リスクを整理し、その最も厳しいレベルを目標とするような考え方もある。

リスク基準には、他のリスクとの比較によって相対的に定める場合もある。

リスクとリスク基準を比較する指標としては、リスクだけではなく、リスクの構成指標である発生確率や被害の大きさという各要素を比較する場合もある。

更には、リスクが顕在化するまでに存在している発見や防止の防護機能に着目をして、防護レベルの観点から、リスク対応を決定する方法もある。

表 1　公的機関が設定したリスク基準の例

[日本]　環境基本法

大気中におけるベンゼンに対する 1 年平均値 0.003 mg/㎥ 以下.
濃度基準の背景：70 年暴露の前提のもと，発がんの生涯リスクレベルを 10^{-5} として設定（cf. ガンによる死亡リスク：2.3×10^{-3}/ 年）

[英国]　HSE（Health and Safety Executive）

HSE が勧奨するリスクレベル
：10^{-5}/ 年
無視できるリスクレベル
：10^{-6}/ 年

[オーストラリア]

感度高施設（病院，学校等）
：5×10^{-7}/ 年
一般（居住区，ホテル等）
：1×10^{-6}/ 年
商業地（小売業，オフィス等）
：5×10^{-6}/ 年

[オランダ]

新設プラント	：10^{-6}/ 年
既存プラント	：10^{-5}/ 年

注　**10^{-6} のレベルとは**
年齢階級別（5 歳刻み）の死亡率を考えた場合，最も低い死亡率（10〜14 歳）：10^{-4}/年であるが，このバックグランド値の“1%”を超えない→10^{-6}/年としてもの.

日本の場合　死亡率を図 7 に示す．10〜14 歳の子供が全世代の中で最小であり，10 万人に対する死亡率，10.4 人である．したがって，日本における最も低い死亡率も，10^{-4} 程度であり，10^{-6} は，十分にリスク基準として機能する.

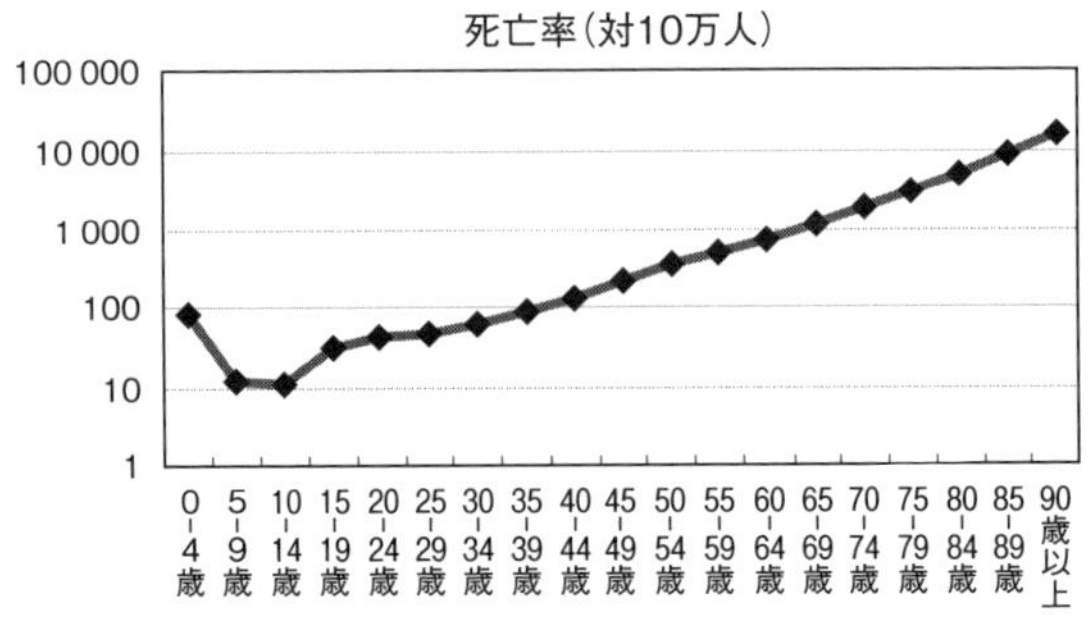

図 7　日本における平成 14 年人口動態統計

リスクの特定

リスクマネジメントでは、何がリスクかということが、最も重要なことである。ISO31000には、リスクを特定する際に、「リスク源が組織の管理下にあるか否かにかかわらず、たとえリスク源又はリスク原因が明らかではないかもしれないリスクであっても、リスク特定に含めることが望ましい。」（5・4・2）という記述がある。世界的な不況とか、巨大地震もその可能性を一組織や個人でコントロールすることは不可能であるが、だからといって、そのリスクを考えることが無意味であるわけではない。どのようなリスクが潜在しているかを知ることによって、対応できることは多い。

何がリスクかということを決めることは難しい。工学的リスクアプローチでは、リスクはその原因となるものを同定し、その原因から分析によりリスクを洗い出すという手法を用いることが多いが、この場合でも最初から見つけ出すべきリスクを念頭において分析する場合がほとんどである。

例えば、「食べ過ぎ」という原因によって、体調を壊すというリスクが洗い出される場合があるが、この場合でも「体調を壊すことが」がリスクだと思い込んでいることが多い。「食べ過ぎ」という原因からは、「太る」、「食費が嵩《かさ》む」、「ゴミが増える」など多くの可能性がある。この多様な可能性の中から、何をリスクとして認識するかは、社会、組織、個人の価値観による。リスクの特定は、分析から自動的に出てくるものではなく、ものの見方によると考えたほうがよい。

ISO 31000の視点

リスク特定（5・4・2）

組織は、リスク源、影響を受ける領域、事象（周辺状況の変化を含む。）、並びにこれらの原因及び起こり得る結果を特定することが望ましい。リスク特定のねらいは、組織の目的の達成を実現、促進、妨害、阻害、加速又は遅延する場合もある事象に基づいて、リスクの包括的な一覧を作成することである。ある機会を追求しないことに伴うリスクを特定することが重要である。包括的に特定を行うことが極めて重要である。なぜならば、この段階で特定されなかったリスクは、その後の分析の対象からは外されてしまうからである。

リスク源が組織の管理下にあるか否かにかかわらず、たとえ、リスク源又はリスクの原因が明らかではないかもしれないリスクであっても、リスク特定に含めることが望ましい。リスク特定には、波及効果及び累積効果を含めた、特定の結果の連鎖を注意深く検討することを含むことが望ましい。また、たとえリスク源又はリスクの原因が明らかではないかも知れない場合でも、広範囲の結果について考慮することが望ましい。何が起こり得るかの特定に加えて、考えられる原因及びどのような結果が引き起こされることがあるかを示すシナリオについて考慮する必要がある。すべての重大な原因及び結果を考慮することが望ましい。

組織は、自らの目的及び能力並びに組織が直面するリスクに見合ったリスク特定の手段及び手法を適用することが望ましい。リスクを特定するときは、現況に即した最新の情報が重要である。可能な場合には、これには適切な背景情報も含めることが望ましい。適切な知識をもつ人をリスクの特定に参画させることが望ましい。

第十六景

ＯＢがなくなると、ゴルフのスコアは良くなるか？

ゴルフをしていると白杭に悩まされる。ゴルフをする人には当たり前のルールであるが、白杭とはＯＢの境界を示す杭であり、打ったボールがこの白杭の構成する境界を越えた場合は、打った場所から2打罰で打ち直しになる。

このＯＢに関して、いつも思い出すことがある。ゴルフを始めたばかりのときに、ティーショットが右に大きく外れたことがあった（もっとも、右に行くのはそれから先も変わらなかったが）。そのときにコースの先に出ていたキャディさんが頭の上で大きな丸をつくったのでやれやれＯＫかと思って歩き出そうとしたら、同伴競技者から、あれはＯＢの合図なので打ち直すようにと言われて、苦笑したことだ。

ＯＢといってもまったくボールが見えないように大きく外した場合は、自分でも打ち直しに納得するが、ボールがほんの少しＯＢ境界を越えただけで問題なく打てるような場合もある。このようなときは、本当に悔しい。こう思うのは、どうやら私ばかりではないようだ。

イギリスのゴルフクラブでも同じような思いをした会員たちがいたらしい。クラブの規則が煩わしいと感じていた会員たちが、ゴルフの本質はあるがままに打つということにあるのだから、ＯＢなどというものを定めずに自由にプレーをさせるようにクラブ側に要求したのだ。クラブのオーナーは、少し考えて会員の申し出を受け入れた。そして、その結果はすぐに出た。会員がもう一度元のルールに戻してくれと言ってきたのだ。実際にあるがままにプレーをしてみると、ブッシュに入ったボールは、何度打ってもフェアウェイに戻らなかった。池に入ったボールは、打つことさえ難しかった。このことで、OBルールのありがたさを知ったことになる。

ルールは、プレーヤーを苦しめているように見えるが、実はプレーヤーを助けているのである。赤い杭も同様で、そのままプレーをすると、危なかったり全体の進行に問題が発生したりする場所に設置してある。

安全の世界のルールも同様に現場を守るためにある。業務中に様々なルールを守ることを要求されると、煩わしくなるのは人の世のならいであろう。しかし、ゴルフのOBの例でもわかるように、ルールは現場を縛っているのではなく、現場を守っているのである。

ルールとは、カタストロフィック（壊滅的）な影響を防止することを目的としていることがわかる。要するに、可能性の幅を制限しているのである。

コンプライアンス（法令順守）というものも、なかなかに面倒臭い。もう少し融通を利かせてもよいように思うことも多いが、社会や組織が混乱することを防ぐことが規則の目的である。規則は、我々を縛るものではなく、我々を守るためにあるのだ。

また、規則を定めたら、規則が守られる組織ができるというわけではない。規則を守るという当たり前のことが、リスク対応の評価ではその実効性を保証することが大変難しい。規則が守られなくなる可能性をいかに評価して、その対応をとるかが重要になる。規則が守られることの確かさを高めるためには、規則を守ることの必要性や、守られなかった際の影響の重要性を示すことだ。

規則が守られる組織をつくるためには、不必要な規則を改廃することも大切である。

リスク対応も、社会的要求を満足することを大前提にしなければ社会の支持は得られないが、満足していることを確かなものとしておくことも重要である。

スポーツのルールも同様だ。サッカーでなぜ手を使ってはいけないのか？　なぜオフサイドというルールがあるのか？

それは、そういうルールにしたほうが、競技として面白いからだろう。何でもありというのは、意外とつまらない。それは、ある能力に秀でていると、全体を掌握することも可能となるからだ。例えば、法律がないと、腕力や武器の力や経済力によって権力を握ることも可能かも知れない。しかし、多くの人々にチャンスを与えるためには、多様な能力を競い合わせることが望ましい。そのために、様々な規則が存在する。

規則があると、その規則を順守できないことが問題となり、現場では、規則自体がリスク源のように捉えられてしまう。

しかし、ここでもう一度、その規則がなぜ定められているかを考えてみる必要がある。それは、その組織が本当に検討すべきリスクとは何かということを知る大きなヒントになるかも知れない。

第十七景

ファインプレーは、守備が下手？

スポーツを観戦していると、さすがプロというプレーに出会うことがある。プロ野球選手の守備に特にアマチュアとの差を感じることが多い。横を抜けそうなボールに飛び込んでキャッチし、矢のような送球でバッターを一塁でアウトにする。野球の醍醐味の一つである。いかにもプロの技といってよい。しかし、野球中継の解説を聞いていると、この派手なプレーにもいくつかの評価があり、本当に球際に強い素晴らしいプレーである場合もあるし、単に打球に対する出足が悪かった結果ということもあるらしい。

本当に素晴らしいプレーとは、投手の投げる球種やコースによって守備位置を変え、飛んできたボールを何気なく正面でさばくことで、これをできる選手こそが名選手だというのである。この名選手論は、企業の社員評価にも当てはまる。

事故が発生しそうな状況で、素晴らしい活躍をする担当者の技術力の高さは、多くの人に称賛されるが、それよりも優れているのは、日々の保守点検をしっかり行うことで、事故を発生させない担当者の優れた技術力であることが知られないのと似ている。

優秀な安全担当者は、常にトラブルの予兆に神経を研ぎすまし、事故の発生につながる故障や不具合が起きないように手配を行い事故を未然に防いでいく。事故やトラブルの可能性を丁寧に押さえ込んでいけば、表面的には何ごともなく過ぎていく。平穏であるがゆえに、その平穏さを維持するための努力は、なかなか評価されない。

しかし、この日々のチェックというのが、案外難しい。毎日同じことを淡々とこなすだけでは、日々のチェックをきちんとこなすことにはならないのだ。先の名選手は、一球ごとにその守備位置を変える。味方の投手がこれから投げようとする球種、その日の調子、そして相手バッターの力量によって、最もボールが飛んで来そうなコースを予想するのだ。このような緊張感を持った活動を毎日実施するのはたやすいものではない。

リスクの顕在化を未然に防いでいると、リスクに対処している努力が評価されない場合もある。この普段は安全に見えているときほど、安全活動は難しい。普段安全であるために、安全意識はどうしても希薄になってしまい油断が出る。そこに大きな災害が発生して愕然とし、一気に安全意識が高まる。安全な状況が続くとまた元に戻り、そしてまた大きな災害に遭遇して愕然とする。その繰り返しである。

安全を謳歌しているときに、安全の大切さに思い至り、安全確保に汗を流している人に感謝することは難しい。

事故や災害を経験する度に、そのことをリスクとして取り上げるという方法をとると、まれに発生するリスクに対応できないことになる。

リスクが顕在化して、好ましくない大きな影響が生じると、その対応や復旧には、大きな費用や時間がかかることになる。

リスク段階でいろいろと気を使い、細かな改善を繰り返していくのは大変なことであるが、大きな事故や事件が起きてから対処することと比べると、リスク段階での対応は、はるかに楽である。

第十八景

ブラジルとドイツがW杯で戦った

皆さんは、ご存知だろうか？　ブラジルとドイツが最初にW杯で戦ったのが、2002年の決勝だったということを。それまでW杯での優勝回数は、ブラジル4回、西ドイツ3回という強豪国であったが、W杯では対戦がなかった。

起こって当たり前のことが起こらずに、起こるはずがないことが起こることがある。しかし、そのことが起きるまで気付かないことが多いということが、リスク対応を難しくする。

また、このことは、最初に起きたことに注意を奪われて、他の可能性に気が付かないということも、同じような感性による。

例えばスポーツイベントの危機管理で難しいのは、スポーツの大会は、安全であればよいわけでなく、楽しくなければならないという点だ。社会や組織はあるリスクだけを小さくすればよいというわけではないのだ。

Jリーグでは、観客の安全の確保はクラブの最大の観客サービスというコンセプトで、この矛盾を解決している。

この複数の価値観に折り合いをつけるのも、リスクマネジメントである。

さて、日本で開催されたサッカーの大会の中で一番大規模なものは、何と言っても２００２年のＦＩＦＡワールドカップ日韓大会であろう。この大会においても、様々な検討がなされてきた。ＦＩＦＡからは、大会で使用するスタジアムの要件も示された。その一つに、ＦＩＦＡの示すスタジアムの構造は、グランドと観客席の間に観客がピッチに入って来られないような濠を設けることがあった。地震が発生した場合の観客の避難をグランドに誘導することになっていた日本では、地震時の避難誘導の方針を変更することが必要になったということだ。

Ｗ杯において達成したい目標は、複数存在した。日本の組織委員会であるＪＡＷＯＣの目的は、２００２年ワールドカップ大会の運営を完遂することであったが、そのためには、大会において人的災害を防ぐことや、大会の運営を財政計画に則り実施すること、更には、世界中の人々に、我が国のサッカーに関する愛情と理解を示し、大会の運営能力を示すことなどがあった。

ここで、大切なことは、大会を成功させるという漠然とした目標ではなく、成功と認識する要素を明らかにして、その優先順位を明らかにしたことである。

大会の運営においては、第１優先順位としては、観客の安全であり、第２優先順位として、試合関係者の安全、第３優先順位は、スタジアムの秩序の維持、第４優先順位は、試合運営の開始・継続であり、この優先順位の高いものから確実に守られた。

サッカーの各ポジションの役割が近代サッカーでは大きく変わった。かつては、フォワードは、ゴールを狙う役割に特化され、守備という概念が薄かった。しかし、現代では、フォワードは、ボールを敵に奪われた場合には、守備の第一線として、敵のフォワードへのボール出しを防いだり遅らせたりする役割を持っている。守備もかつてはバックと呼ばれ守備専門の感があったが、最近のサッカーではサイドバックの役割に代表されるように、守備が弱体化する危険性を冒しても攻撃に参加することも当たり前になった。各自の行うことが、試合全体の流れの中で変わっていく。この、役割転換を適切にできない選手は、今のサッカーでは評価されない。

「take risk」――リスクを取るという概念がある。リスクマネジメントは、リスクを取らないために行うのではなく、どのようなリスクであれば取ってもよいかということを判断するためにある。そのとき、リスクをネガティブな影響に関する事項と捉えると、リスクはなるべく小さいほうがいいし、その保有の判断は対策の費用対効果によって決めるしかなくなる。

リスクを生み出すリスク源は、多くの可能性を生み出すエネルギーの集合体である。そのネガティブな影響を恐れるあまり、そのエネルギー源を小さくすれば、価値のある成果も期待できなくなる。どのようなリスクなら許容できるか？ ある成果を得るためには、どのようなネガティブな影響の可能性まで保有できるか？ それを決めるのがマネジメントである。

リスクマネジメントをリスク管理と訳してしまうと、どうしても好ましくない影響をいかに小さくするかという視点での活動になってしまう。そのことが、時として「角を矯《た》めて牛を殺す」ということになりかねない。

マネジメントと管理とが同義語ではないことを、今一度確認することが大切であろう。

第十九景

なぜ想定外のことが起きるのか？

「歴史は繰り返す」という言葉がある。人間が戦争や騒乱を起こすたびに使われる言葉である。本当に歴史は繰り返すのだろうか？　もし、歴史が繰り返すのであれば、想定外のことは起こらないはずである。繰り返す大きな波の中に、新たな波も生じてくるということかも知れない。この新たな波を引き起こす原因の一つに科学技術というものがある。

１９５０年代中期、世界最初のジェット旅客機であるイギリスのデ・ハビランド社製「コメット」が連続して墜落事故を起こした。その事故の原因は、それまで設計の対象となっていなかった金属疲労という現象であった。

科学技術は、これまでできなかったことをできるようにする。そのために、新たな現象に出会うことになり、常に新たなリスクを生み出すという性質をもっている。さらに、その事故現象が新たなものので経験がないものであるために、常にその認知は、事故が発生した後になってしまう。

東日本大震災において発生した東京電力福島第一原子力発電所の事故もその一つである。この結果、東日本大震災を経験した日本では、想定外ということに対する反省が巻き起こった。しかし、想定外をなくそうと思っても、そう簡単になくすことができるわけではない。

もともと、想定外が発生する理由には二つある。「想定できない」場合と「想定しなかった」場合の二種類である。どちらのパターンで想定外が発生しているかによって対処方法が異なる。まず、想定できなかった場合であるが、この場合も大きく二つの原因が考えられる。「知識がなかった」と「分析技術が未熟」という二つの原因である。何が発生するかという知識がなければ、意欲があってもそのことを発見することはできない。

個々の現象の知識はあったとしても、状況の組合せが複雑になれば、その発生シナリオの発見は難しくなる。個々の事象に対する知識は存在しても、その連鎖による事故シナリオを把握するのは容易ではない。

次に、想定しなかった場合であるが、これも二つの場合が考えられる。施設のリスクに対して低減の対象としては想定しなかったが、保有しているリスクを「危機管理の対象とする」場合と「危機管理の対象にもしない」場合である。

この場合は、両者とも、「想定する」という意思を持てば、「想定外」はなくすことができるが、実質的には後者をなくすことが急務である。

この想定外を少しでも少なくするために、リスク分析というものが存在する。リスク分析には、ハザード（潜在的危険源）を同定してリスクを算定するETなどによる帰納的手法と、リスクを同定してその原因を探るFTなどによる演繹的手法がある（付録4参照）。

これまで、過酷事故の主シナリオ分析に使用されることが多かった前者の手法は、個別のシナリオ分析に優れており、事故を一定規模に進展させないための対処事項について、有用な知見を得ることができるという特徴を持ち、後者の手法は、トップ事象に掲げたリスクに関して演繹的にそのシナリオを分析し、その全容を知ることができるなどの特徴がある。しかし、前者には初期事象（又はハザード）を網羅することが難しく、後者には理論的には網羅することも可能であるが、複雑なシステムでは組合せの事故シナリオが爆発的に増加するなどの課題も存在する。

工学的なリスク分析においては、ハザードを特定し、そのシナリオ分析によってリスクを把握するという方法が多く使用されてきたが、経営の世界では、その組織目的達成に影響を与えるものをリスクと定め、その発生シナリオを把握するという方法が多く用いられる。

リスク分析の技術がいかに進歩しても、あらゆるリスクを洗い出すのは容易なことではない。人がつくり出したものとはいえ、工学システムでは便利で高い技術を使用すればするほど、未知のリスクを払拭することは難しくなる。

では、なぜ人はリスクの存在するシステムを使い続けるのか？　それは、事故が起きる可能性があっても、その原因となる工学システムのもたらす利便性に魅力を感じるからである。ここに、リスクを考える難しさがある。

第二十景

環境のための技術と政策

温暖化防止を目的とした環境目標の達成のためには、環境技術の開発だけでなく、その技術を活用し普及させる政策も重要である。この事例としては、太陽光発電の普及がある。太陽光パネルの技術開発は日本のほうが進んでいたが、ドイツが積極的な普及政策を実施したため、太陽光発電単年度導入量で２００４年に逆転され、結局、ドイツのほうが先に太陽光発電が普及したことはよく知られている。

この例からも、技術開発と政策は、一体となって推進する必要があるのは明らかだ。しかしその政策の推進において、環境政策と環境の視点を加味した経済政策は、明確に区別することが大切だ。

既存製品を省エネ製品に置き換えるという施策は環境政策だが、省エネ商品により経済の活性化を図るのは、環境の視点を加味した経済政策である。環境政策の視点から見て、環境の視点を加味した経済政策の検討課題は、環境負荷の低減目標達成にどの程度寄与しているかという点にある。省エネ製品であることを目玉にして、商品を大量に売ることは、個々の商品は環境問題解決に寄与しても、その商品やシステムの大量消費によって、環境負荷の総量を増加させることになりかねない。

自然エネルギーを増加させるための施策として買取り料金を高く設定すると、利益を得ようとする個人や組織が参入してくるのは当然の帰結である。自然エネルギーの割合を高くするためには、いろいろな準備が必要になる。自然エネルギーは文字通り自然環境に依存するものであるため、自然の持つ不確定性の影響を受ける。安定電源を実現し、その不安定さを克服するためには、電池システムなどの電気の蓄積・平滑システムの導入が必須である。この準備なしに自然エネルギーの電源開発だけを先行することは、別のリスクを発生させる。

環境政策と環境を加味した経済政策を明確に分けて議論をしていかないと、環境に良いということを謳い文句にした政策が、結局は環境に負荷をかけることになりかねない。環境問題の解決には、既存手法の拡大だけでは限界があり、社会や経済の構造自体を変革する必要がある。環境に託した既存手法の拡大は、かえって環境問題の本質的解決を遅らせる可能性もある。近年の不況が環境負荷を減少させたということが、この構造的問題の難しさを示唆しているともいえる。

また、短期的な利益によって環境政策を推進するという方法は、環境の重要性を国民に浸透させることにはならない。結局、経済利益を最優先するというこれまでの志向を加速するだけだ。これでは、本当に環境に優しい社会の実現は難しい。

経済は社会活動の基盤であり、社会活力を維持していくためには必要な経済政策をきちんと打っていく必要があるのはいうまでもない。今後の経済成長のためにも、環境問題の解決策にリアリティを持たせるためにも、環境問題と経済成長をどうバランスを取っていくのかということを、それぞれの政策の得失を明らかにして正面から議論する時期に来ている。

新たな事象において何が検討すべきリスクであるかということを明らかにするのは容易ではない。時として、目の前のリスクに対して対策を打つことで、別のリスクを生み出すことがある。

石油の持つ二酸化炭素を排出するという課題を解決する手段として、原子力発電のシステムを導入し、その放射線事故の可能性が問題となると、太陽光などの新たな自然エネルギーや水素の導入が始まる。現在の課題を解決するための対策が、次の対策を生み出すという同じ構造を繰り返すだけでは本質的な問題の解決にはならない。

これまで人々が何とかエネルギーを使いこなしてきたのは、何らかの制限があったり負の事象をもたらしたりするために、エネルギーを効果的に使用しようとしたからである。エネルギーのリスクの本質は、そもそもエネルギーを持っているということにある。仮に、環境や安全や経済的に課題がないエネルギーが開発されたときに、社会に何が起きるか？　膨大なエネルギーを使い始めたときに人類社会に起きる様々な可能性を考えると、これまでのエネルギーが持つ個別の負の可能性以上の問題が発生することは、予測に難くない。欠陥のないエネルギーこそ危険なのである。

「過ぎたるは猶及ばざるが如し」という言葉がある。

内容が好ましい内容であっても、その時期が早すぎたり量が多すぎる場合は、好ましくない影響をもたらす場合がある。社会は、あまりにも速すぎる変化には追随できない。変化を適切な速度で継続していくこと。その視点もリスクマネジメントには大切である。

第二十一景

大災害の経験が思想も変える

大災害の経験は、安全のみならず思想的な変革をもたらすことがある。

１７５５年に発生したリスボン地震は、ポルトガルのリスボンを中心に大きな被害をもたらした。その被害は、死者の数が６万人を超えるともいわれている。敬虔なカトリック国家の首都が甚大な被害を受けたことは、それまでのカトリック的なものの見方では説明ができないことであり、ルソーやカントのようなヨーロッパの啓蒙思想家たちに強い影響を与えた。慈悲深い神が見守る世界で発生するできごとは最善であるというそれまでの楽天主義に大きな疑問をもたらした。ジャン・ジャック・ルソーは、この災害は多数の人間が狭い都市に住むことによって発生したからだと考え、より自然な生活を営むことの大切さを訴えた。それまで信じられていた確実性という概念に対する疑問が芽生え始めたとも言われている。リスクという概念が、大きく浮上してきたのである。

我々は、東日本大震災から何を学んだのであろうか？　危機管理の機能を高めるための方策は、複数存在するが、その有効な方策の一つに、過去の災害からできるだけ多くのことを学ぶということがある。この大震災から学ぶことが、「津波への対応が不十分」、「原子力の安全対策が問題」など、直接経験した事象に対する断片的な反省に終始すると、将来別のタイプの災害事象でまた大きな被害を受けることになるであろう。

　東日本大震災は、我々に低減できないリスクに正対することが必要であることを教えている。

　今回の震災被害を甚大なものとした原因に、1000年津波と呼ばれるようになった巨大津波の存在がある。陸前高田の海辺のマンションでは、4階までの窓ガラスが壊れていた（図8参照）。この状況を考えると、今回の津波をハード設備で防ごうとすると、4階建てのマンションと同じ高さの堤防で街を囲うことが必要となる。この対策の難しさを考えると、今回の津波から一般の市民を守るためには、浸水域に住まないという居住制限をとる以外の確実なリスク低減方法は思いつかない。

　しかし、リスクマネジメントでは、リスクの存在を検討する際に、その対応の可能性によってリスク特定の検討が左右されてはいけない。今回の津波の問題に関しては、巨大津波の存在が最近になってわかってきたということもあるが、一般的に日本では、リスクを見つけると、それに対処して低減しなければいけないという思い込みがあり、低減できるリスクしか認めない風潮がある。

図8　陸前高田の被災したマンション

低減できないリスクを認めることは、大変苦しいことである。しかし、リスクに正対していかない限り、安全な社会は実現できない。地域防災や科学技術システムにおいて、その安全レベルが十分であるということを、担当機関が明言することが重視され、その結果として十分に低減ができていないリスクが見過ごされるという状況は避けなくてはならない。

また、科学技術システムの安全には、多分野の知識を必要とするという現代の安全の課題も明らかになった。東京電力福島第一原子力発電所の事故、更にはその対応状況を見ると、巨大な科学技術システムのリスク把握がいかに困難であるかがわかる。今回の問題は、単にハザードとして巨大な津波を想定できなかったというだけではなく、原子力発電所という巨大システムのそれぞれの要素が、いかに複雑に関係していて、その一つ一つの問題の関連をきちんと捉えることの難しさが明らかになった。この問題は、特に原子力システムに限ったものではない。コントロールが難しい状況になった際のプラントの制御の難しさは、どのシステムでも同じである。

技術者というものは、問題を自分の専門の中で整理しようとする癖がある。原子力システムのリスク分析において、内部事象と外部事象というように原因がどこにあるかということで別物として扱うというのも、その癖の表れである。内部事象というのは、システムの内部の機器設備の故障や破断を原因とする事故事象である。一方、外部事象というのは、自然災害やテロのように、その原因がシステムの外にある事故事象をいう。技術者が、この内部事象と外部事象を当たり前のように分けて考えるのは、内部事象は技術者が専門とする領域であるということに過ぎない。事故の結果から見ると、その原因がシステム内部にあるから防ぐべきであり、外部の原因に関しては事故が起きても仕方がないという考え方は一切ありえないので、原因を分けることに本質的な意味はない。

内部事象は、人間が設計したものであるので、その原因が予測でき、かつ対応が可能であり、自然災害やテロは何が起きるかは予想がつかず対応も網羅できないという考え方もあるが、根拠のあることではない。一つ一つは既知の技術であっても、その要素が多量に集まるとその組合せの事故シナリオが爆発的に増加し、その発生の予測を網羅できないという意味では、自然現象やテロと何ら変わりはない。

リスクは、その対応の担当者の視点ではなく、影響を受ける者の視点で特定することが必要である。

第二十二景

東北の地から阪神・淡路大震災を思う

我々は、この20年間で二つの大震災を経験した。一つは、阪神・淡路大震災であり、もう一つは、東日本大震災だ。

１９９５年1月に発生した阪神・淡路大震災の死者行方不明者数は、６４００人を超え、２０１１年3月に発生した東日本大震災では、１８０００人を超えた。

阪神・淡路大震災を受けたときは、もうこのようなことは二度と繰り返さないと思ったはずだったのだが……。16年後、またも巨大地震に遭遇し、大きな被害を避けることができなかった。

もちろん、阪神・淡路大震災に学んだことも多かった。阪神・淡路大震災までは、災害対応に自衛隊を呼ぶことに躊躇する自治体も多かったが、この大震災の後は、自衛隊に支援を依頼することに躊躇がなくなったのは、その成果の一つであろう。建物の耐震強化も進み、東日本大震災でもその効果は現れた。しかし、阪神・淡路大震災では、津波被害が出なかったために、津波対策の有効性に関しては新たな知見を得ることができなかった。

日本では、安全を確保するための様々な法規が存在し、安全確保に向けての対応を図ってきたが、これまでの防災に関する法規の動向を見ていると、大きな災害を受けた後に強化されていることがわかる（表2参照）。しかし法規を満足していれば、事故や災害を避けられるわけではない。企業として、いかなる事故や被害を避けるかを明確に定める必要がある。

また、災害対応の体制や装備も、大災害に対応する形で整備がなされてきた。

例えば、大阪千日デパート火災（1972年）や翌年の太洋デパート火災によって、はしご車が高度化され、江東区高層マンション火災（1989年）、阪神・淡路大震災（1995年）によって、消防ヘリ、防災ヘリの整備が進んだ。また、阪神・淡路大震災によって、大規模災害に対する全国消防機関の相互迅速な援助体制整備が求められ、緊急消防援助隊が創設された。そして、新潟中越地震（2004年）によって、中山間地域の情報収集・救助のための航空力強化の方向が打ち出された。このように、安全の向上が図られるのは、大きな被害を受けてからということが多い。

これまでの社会では、リスクという不確かな概念を持ち出さなくても、失敗に学ぶという方法で一定の成果を出してきていた。失敗に学ぶということ自体、そのことを実行することはそう簡単なこと

表2　災害発生と法規による災害対応の強化

主な事態		主な国の動き	
1959	伊勢湾台風	1961	災害対策基本法
	⋮		⋮
1995	阪神淡路大震災	1995	災害対策基本法改正
1996	O-157 集団感染	1998	感染症法
1998	テポドン1号発射		
1999	JCO 臨界事故	1999	原子力災害特措法
2001	BSE 騒動	2003	食品安全委員会設置
		2003	有事法制
2005	JR 西日本脱線事故	2006	鉄道事業法改正

ではないが、少なくても何を行うかということはわかりやすい。発生した事故や災害が目の前にあるだけに、何が発生したかは一目瞭然であるし、原因を探る現場は保持されているため、その原因と対策を明らかにしやすい。そして、何よりも重要なのはその対策の必要性が明らかであり、多くの者が対策に人手や費用をかけることを納得しているということだ。

しかし、この失敗を糧に工夫を加えていくというこれまでの方法の課題は、一度は被害を経験しなくてはいけないということだ。

世の中には、経験してよい被害と経験しないほうがよい被害がある。

軽いケガは、何度受けても治るが、なくした命は戻ることはない。失敗に学ぶためには、失敗に学べる範囲の失敗にとどめておく必要がある。

この手法の限界は、失敗に学ぶということが有効なのは失敗に学べるときに限られるということである。学べるということは、失敗した後も、リカバーやその後の活動が認可されるということであり、そのためには、失敗の内容が一定の規模以下である必要がある。すなわち、一定以上の影響を持つ事象は、経験する前に、合理的に避ける必要があるということだ。

リスクマネジメントという手法を導入する意義を理解するためには、まず失敗に学ぶという手法によるマネジメントの課題を明らかにしておく必要がある。

大きな津波災害が起きれば津波対策を考え、土砂災害が起きれば土砂災害対応の重要性が問われ、水害が起きれば堤防の重要さが強調される。この方法を続ける限り、常に新たな災害に対しては、後手に回ることになる。このような事故の経験に基づく対応の改善を続ける手法を改める時期にきている。

豊かな社会になればなるほど、安全に対する要求は増大する。一方、財政、人材など、その対応に必要なリソースには限りがある。この限られたリソースを有効に活用するためには、社会に潜在するリスクを総合的に把握して、その対応の優先順位を検討する必要がある。

この優先順位を決めるということは、リスク評価に関することであるが、評価を適切に行うためには、何がリスクを見極めることが大切である。

第二十三景

守り手の先を行く脅威

２０１４年の夏、エボラ出血熱が西アフリカで猛威を振るい、世界への拡散も心配されている。航空機が発達した今、感染症を地域に封じ込めるのは容易ではない。この地域への封じ込めに失敗すると、あっという間に、その影響は世界に拡散する。エボラ出血熱への対応に関しては、この時点で未だワクチンが準備されていないということが最大の問題だが、ウイルスによる感染症は、ワクチンを開発しても、ウイルスがいずれそのワクチンに対する耐性を持ち新たな脅威を生み出すという厄介さがある。人間と他の動物との棲み分けがなくなり、人間の生活圏が広がってくると、特定のウイルスを封じ込めても、人間を襲う新たなウイルスが登場してくる。

この、人間の生活圏の拡大、生活様式の変化という豊さの追求が脅威を生み出すという構造は、ウイルスに限らず科学技術の世界にもある。例えば情報セキュリティの問題である。情報を守る仕組みは、どんなに高度に複雑にしてみても、工学技術によって作られたシステムには、必ずそのシステムをコントロールする仕組みが存在するため、その仕組みを破壊したり悪用したりすることを完全に防ぎきることはできない。情報システムに関する攻撃は、こちらが準備した対応策の弱点を突いてくる。そして、情報システムは、基本的に国境を越えた世界の共通インフラであるため、ウイルスによる感染の被害が世界に及ぶ可能性は高くなる。

巨大な脅威は、大丈夫だと安心しているところに潜在している場合もある。守り手は、この脅威が顕在化する前に、いかに先手を打って守る体制を構築できるかが問われている。この競争は、人間の理性と欲望との競争でもある。

危機管理を考える際には、既存の概念や手法の限界にも注意を払う必要がある。

現在の設備では、未然防止に力点を置くあまり、事故発生時の拡大防止対策が形式的になっている場合がある。日本では、未然防止を重要視するあまり、危機時の対策が計画レベルでとどまっていることが多い。緊急時や被災時の訓練においても、事前に日時や事象内容が知らされ、準備万端の状況で実施される。また、「防災の日なので」訓練を行うという形式的な対応も見受けられる。

リスク評価や安全活動が、仕様規定の考え方でなっており、機能規定の視点になっていない場合も多い。その例として、管理システムが、工学的合理性で構築されており、人間の悪意や悪い偶然の重なりを前提としていないということも挙げられる。これからのリス

シュアティ
SURETY
=
セーフティ
SAFETY
+
セキュリティ
SECURITY
セーフティ（SAFETY）
●自然災害，事故，ヒューマンエラーに対する対応
セキュリティ（SECURITY）
●意志を持った行動，悪意に対する対応
●原因がコントロールできないものに対する対応

図 9　シュアティの概念

ク分析には、これまでの安全学にとどまらず、セキュリティの概念も含んだシュアティ（確定した訳語はなく、あえて日本語にすれば「万全」ということになろうか）の概念を取り入れることも重要である（図9参照）。

また、リスク（可能性のある危険性）を把握するといいながら、実際は過去起きたことの整理に終始し、新たな事象に対応できていないというリスク概念への不適合も考える必要がある。そして、考えて課題を発見しても対策が難しいと思われることは、見ない振りをする傾向にもある。

リスクを考えるときは、ややもすると対応を思いつかないリスクから目をそらす場合が多い。リスクを特定しておかないと、その後の分析の対象にならず、いつの間にかそのリスクの存在が忘れられ、その対策が可能になったとしても、もともとリスクの認識がないために、リスク対応ができないことになる。

リスク特定とは、対応が可能なリスクを洗い出すことではない。対応を考えるべきリスクを洗い出すことである。

リスク分析

リスク分析とは、リスクの持つ影響や起こりやすさを検討することである。リスク分析は、常に高い精度が求められるとは限らない。リスク分析は、リスク基準との比較によって、判断するデータを提供するためにある。したがって、リスク分析の内容や精度は、リスク基準をいかに定めるかによって変わってくる。さらに、判断を行う際には、その分析で前提とした事項や使用した手法や分析者の力量などの付加情報も大切な分析情報となる。

ISO 31000の視点

リスク分析（5・4・3）

リスク分析には、5・4・2で特定したリスクの理解を深めることが含まれる。リスク分析は、リスク評価及びリスク対応の必要性、並びに最適なリスク対応の戦略及び方法に関する意思決定に対するインプットを提供する。意思決定のために、選択が必要であり、選択肢に異なったリスクの種類及びレベルが含まれる場合には、リスク分析は、その意思決定に対するインプットを提供できる。

リスク分析には、リスクの原因及びリスク源、リスクの好ましい結果及び好ましくない結果、並びにこれらの結果が発生することがある起こりやすさに関する考慮が含まれる。結果及び起こりやすさに影響を与える要素を特定することが望ましい。リスクは、結果及び起こりやすさ、並びにリスクのその他の属性を決定することによって分析される。一つの事象が複数の結果をもたらし、複数の目的に影響を与えることがある。既存の管理策並びにそれらの有効性及び効率をも考慮に入れることが望ましい。

第二十四景

「はやぶさ」の帰還とワールドカップ

２００３年5月9日に打ち上げられた「はやぶさ」が２０１０年6月13日に地球に帰還した。実に7年間の宇宙の旅だった。そして、翌14日には、ＦＩＦＡワールドカップにおいて、日本が海外で初勝利。二日続きでうれしいニュースが続いた。しかし、この喜びの直前まで、両者の一般的評価には厳しいものがあった。岡田ジャパンは、国際Ａマッチ４連敗でＷ杯に臨む状況で、史上最弱とまで酷評されたし、はやぶさの後継機の開発予算は、概算要求17億円に対して、３０００万円にまで削減されていた。

はやぶさのミッションは、近地球型と呼ばれる小惑星イトカワの探査であった。その内容は、４種類の観測機器を用いて、イトカワの形状、地形、表面高度分布、反射率（スペクトル）、鉱物組成、重力、主要元素組成などを観測することだった。さらに表面の物質を地球に持ち帰ることでサンプル・リターンの技術を確立するという挑戦ミッションもあった。

はやぶさの技術的成果としては、まず超長距離の往復飛行を成功させたイオンエンジンが挙げられる。イオンエンジンは、マイクロ波を使って生成したプラズマ状イオンを静電場で加速・噴射することにより推力を得るもので、推力は小さいが比較的少ない燃料で長時間動作させられるという特徴を持っている。

日本企業によるＮＡＳＡへの技術移転も現実味をおびてきた。そして、自立航行技術。これは、ロボットをお家芸とする日本の得意分野だ。さらに、月より遠い天体への到達・着陸・離陸などの世界初の快挙もある。様々な困難を乗り越えた技術力は、まさに賞賛に値する。はやぶさの開発費は、約１３０億円であるが、その成果を考えると本当に安いものだ。

日本の宇宙開発は、「宇宙基本法」と「宇宙基本計画」の制定により、利用重視へと大きく針路を変え、その活用としては、資源探査、気象観測とともに防災がある。観測技術衛星「だいち」は、地表や地殻変動を観測し、日本を含むアジア地域などに衛星画像を公開し、その安全の確保に寄与しているが、１台ではその有効活用も限界がある。

しかし、産業の発展に直結しない科学技術の開発は、その効果がなかなかわかりにくい。科学技術開発は、一朝一夕には実現しない。それだけに国のリーダーの中長期的視点で目標を見据えた強い意志が必要である。

２０１０年のＦＩＦＡワールドカップは、南アフリカで開催され、日本は、グループＥで、オランダ、デンマーク、カメルーンと同組であり、２勝１敗で予選リーグを２位で通過した。決勝トーナメントでは、Ｆ組１位のパラグアイと対戦し０対０のスコアレスドローだったが、ＰＫで惜しくも敗れた。このＷ杯本戦の成績は、アジアの最終予選を４勝３分１敗でグループＡの２位という成績で通過しＷ杯の本戦に不安を持って臨んだ日本としては予想外の活躍と言ってよい。しかし、日本のサッカーのレベルは、２０１４年のブラジル大会では、コロンビア、ギリシャ、コートジボワールと同じＣ組で1分2敗の最下位であった。日本のＦＩＦＡランキングは52位（２０１４年10月時点）であり、アジアではトップレベルにあると言っていいだろうが、世界レベルとは言いがたい。

スポーツも世界に伍していくためには、中長期計画に基づく強化策が必要であり、科学技術同様に世界レベルになるのは一朝一夕には難しい。しかし、スポーツ界には、ワールドカップのように、国民の声援を受けて鍛えあげた成果を定期的に示すイベントが存在する。

科学技術にも、国を挙げて応援できる定期的なイベントがほしいものだ。

科学技術もスポーツも相手のある競争である。自分が頑張って去年より力を伸ばしても、相手がより力をつけていれば、競争には勝てない。リスクとは自分の状況だけで決まるものではないのだ。

組織を取り巻く内外の環境は常に変化している。

組織のリスクは、自分の組織だけ見ていてもわからない。自分たちの能力が伸びていても、競争相手の力が自分たち以上に伸びていれば、競争力は相対的に低下する。

また、失敗をしても、その対処能力によって評価が高まる場合もある。リスク分析を行う際は、様々な角度からの検討が必要となる。

第二十五景

安全文化で防げる事故、防げない事故

企業の安全向上のための重要な活動として、安全文化が着目され、その醸成の必要性が強調されている。確かに、安全を大切にする風土がなければ、規則やマニュアルを整備しても安全な職場は実現できない。しかし、安全文化を醸成すれば、あらゆる安全問題が解決できるわけではないというのがここでのテーマだ。

安全活動において有名な考え方としてハインリッヒの法則[1)]というものがある。この法則は、1件の大きな事故・災害が発生する裏には、29件の軽微な事故・災害や、300件のヒヤリ・ハットとすることがあるというものである。この考え方は、長い間安全のバイブルとして扱われてきており、安全分野の小集団活動や安全文化活動につながっている。そして、安全関係者の中では、安全第一ということが常に語られ、その実現のために安全文化の大切さが強調されている。この状況に繰り返し接すると、いつの間にか安全であることがより良い社会をつくる際の手段ではなく、目的化してきた感も否めない。安全の追求が目的化することで他の社会要素に目をつむり、建前と本音が解離することが心配だ。

また、安全の追求という面に絞っても、ハインリッヒの考え方が万能であるわけではない。

ハインリッヒのリスクの定義は、

リスク＝（潜在危険性が事故となる確率）×（人が事故に遭遇する可能性）×（事故による被害の大きさ）

で表される。この定義から見てもわかるように、ハインリッヒの安全論とは、主として労災の考え方に近い。労災の世界は、安全領域のリスクマップの中では、発生確率が高く、被害は一定規模に収まる世界である。この世界では、事故の発生はハインリッヒの法則に従うために、小さなトラブルを防ぐ努力は、大きな災害を防ぎ、安全文化を醸成することが、直接的に事故の防止につながっていく。

しかし、ラスムッセン[2]が分析した原子力の炉心損傷のように、影響は甚大であるがその発生確率が小さな分野では、ハインリッヒの法則が成立するとは限らない。いきなり巨大事故が発生する場合もあるのだ。まれにしか発生しない事故の可能性は、安全文化のレベルを高くしても、発見の技術がなければ見つかるわけではない（付録4参照）。労災を防ぐために有効な安全文化やハインリッヒの考え方では、発生確率は小さいが影響の大きな事故シナリオの顕在化は防ぐことができないのだ。

このように、リスクといってもその性格によって、その対応技術は異なってくる。シビアアクシデントを取り扱うリスクの考え方としては、アメリカの原子力委員会が定義した「リスク＝発生確率×被害の大きさ」が使用されることが多い。この定義は、ハインリッヒのリスクの定義と異なり、人が事故に遭遇する可能性が入っていないので、より汎用的に使用することができる。しかし、この定義もその使い方によって、問題が生じる場合がある。この定義の特徴は、リスクを発生確率と影響の積、つまり期待値で表すために、複数のリスクの比較が容易になる。一方、リスクを二つの要素の積として表現するために、被害は小さいが起こりやすいリスクと被害は大きいが起こりにくいリスクを同じ重要さとして評価してしまうことになる。この二つのリスクは、果たして同じであろうか？

小さなケガは何度受けても回復するが、死んでしまえば生き返ることはできない。被害の大きさが異なると、社会に与えるインパクトが異なるのだ。

リスクの許容のあり方は、リスクの性質を考えて決めなくてはならない。

安全の位置付けも、社会の運営目的の中で、しっかりと位置付ける必要がある。安全であることは、社会や組織の目的でありうるか？　目的の一つであることは間違いないが、第一の目的であるかは疑わしい。安全であることだけを望めば、何もしないことが最善という結論が出る可能性があるからだ。

この20年の間に、我が国は二つの大震災を経験した。一つは、阪神淡路大震災であり、もう一つは東日本大震災である。我が国の防災力は、阪神淡路大震災の経験により大きく向上したはずであった。しかし、東日本大震災でも多くの人的被害を避けることができなかった。加えて福島第一原子力発電所の事故は、甚大な環境被害とともに世界のエネルギー戦略にも大きな影響を与え、日本の科学技術と安全に対する世界の信頼も大きく損することとなり、高度化した科学技術社会の脆さを露呈した形となった。

この震災によって、安全に関与する者は大きな衝撃を受けたはずだ。このときまで、我々は、自然災害にも大規模事故災害に対しても一定の安全レベルを保持していると考えていた。しかし、その矜持は幻想にすぎなかった。安全に関わる研究者・担当者は、様々な領域に対して検討を行い、努力を続けてきた。しかし、努力をしているのは、安全関係者だけではない。社会を豊かにしようと多くの人々が努力を続けている。この社会を豊かにする活動は、我々の生活を豊かにする一方、多くのリスクを生み出していることを忘れてはならない。

---

1) H. W. Heinrich（1886-1962年）米国の損害保険会社に勤務。
2) N. C. Rasmussen（1927-2003年）米国の物理学者。

第二十六景

会社のリスク、担当者のリスク

時代小説を読んでいると現代との違いに気付かされることがある。例えば、江戸時代の吉原の街並みの説明がそうである。吉原の町名には仲之町、江戸一丁目、角町などがあるが、最初はその町の小説での描写が理解できなかった。ところが、吉原の古地図を見て納得ができた。吉原の町はその通りを中心に名付けられており、道の両側が同じ名前なのだ。現代では道で囲まれた区画を同じ町名で呼ぶことが多い。私は、現代の町名の付け方を前提として小説を読んでいたために、吉原の町の状況が理解できなかったのだ。考えてみれば、「向こう三軒両隣」という言葉があるように、人の関係は道を介して行われてきたのだ。それが、いつの間にか地図上の区画で町名を切るようになってしまったのだ。

地図上で地域を区切ろうとすると、道は境界に見えるため、管理のためには道路に囲まれた地域を同じと考えることになる。管理者にとって都合のよい状況が、現場にとっても都合がよいとは限らないのである。ここに評価の難しさがある。

リスクの発生も担当組織という枠組みの中で考えがちであるが、組織のリスクも、部署と部署の関係で生じるものもある。それを自分の部署だけで考えようとするから、多くのリスクが把握からこぼれていく。

リスクマネジメントが、管理手法ではなくマネジメントの手法であることを、品質管理や個人情報管理などの在り方と課題を紹介しながら解説しよう。

今、我が国で起きていることは、担当者のリスク最小化だ。担当者が自分の責任を追及されないため、自分に関係する事項に関して厳しい判断をして対応することが多くなった。特に、コンプライアンスやセキュリティにはこの傾向が強い。コンプライアンスやセキュリティは、組織にとって大事な領域であるために、なおさら担当者の強制力は増してくる。目指すは、組織の最適化であり、担当者のリスク最小化ではない。

俳優の津川雅彦[1)]さんが、当時5歳で子役として映画に出たときの話だ。子どもながらに泣く演技をさせられ、母親が死んだこと思い浮かべれば泣けると言われ、一所懸命に母親の死を思い泣きそうになり撮影が始まったという。やっとうまく泣けて撮影が終わったと思ったときに、音声係から泣き声が大きすぎて、坂東妻三郎[2)]さんの声が入らなかったのでNGで取り直しという声がかかったそうだ。そのときに板妻が「雅坊が泣けば観客が泣く。取り直しなんかいらない。」と言ったそうだ。音声係は音声の視点から、衣装係は衣装の視点からしか見ないが、一番大切なのは、観客の視点で全体を見ることという話であった。マネジメントも同じだ。

管理という用語から思い至るのは、守るべき手順やレベルがあって、それをきちんと守るようにすることであろう。しかし、マネジメントでは、そのレベルの在り方から、状況に応じて決めていく必要がある。マネジメントは、折り合いなのである。

リスク対策は、新たなリスクを派生させることもあり、特定のリスクを小さくすると他のリスクが大きくなる。

マネジメントという言葉は、日本語として定着しているが、一般的には「管理」と訳されることが多い。このことが、マネジメントの本質を失わせている場合がある。

日本語の「管理」という用語は、実施すべき目標が明らかで、その目標に向けて実施すべきことを実施し、実施してはいけないことをしないように監視するという語感があり、マネジメントと同義語ではない。しかし、英語のmanagementは、その目標の設定や施策バランスを考える経営の要素も含んでいる。

基本的には、社会は矛盾に満ちている。したがって、ある部分の矛盾をなくすということは、他の場所の矛盾を大きくすることもある。

誰の視点でリスクを評価をすれば、組織のリスクを適切に評価できるか？ 評価者が常に心がけるべきことである。

1）津川雅彦（1940‐ ）俳優、映画監督。

2）坂東妻三郎（1901‐1953年）歌舞伎俳優、映画俳優。

第二十七景

最大のリスクに対応すること

ロンドンオリンピック（２０１２年）を見ていてふと思ったことがある。一番になるということをどう考えるかということだ。ロンドンオリンピックで、日本が獲得したメダルの総数は38個で史上最高の数となったが、金メダルは、初期の予想より少なく7個にとどまった。特にお家芸といわれた柔道では、男女合わせて金メダルは1個しか取れなかったことに厳しい意見も聞かれた。日本の柔道は世界から研究され、その対策も立てられている。これは、第一人者の宿命でもある。しかし、これまでメダルが取れなかった競技でメダルを取れており、このことは我が国におけるスポーツの発展を考えると非常に意義が大きいと考えるが、いかがなものであろうか。

我が国では、金メダル至上主義のようなところがあり、一番であることに意義を見いだすことが多い。事業仕分けの際のある政治家の「二番じゃだめなんですか?」というコメントに対する反発も大きかった。「No.1にならなくてもいい／誰でも素敵なOnly 1」という歌詞が共感を読んだ時期もあったが、実社会ではどうもそう行きそうにない。

災害の被害予測でも最大被害が問題になり、南海トラフの地震に対する原子力発電所の安全対応が要求されるという状況も見受けられる。

技術開発の分野でも、開発された技術は模倣ができるという特徴があるために、技術の開発力を示すためには、一番であることの意義は大きい。しかし、柔道界での状況を見てもわかるように、一番を続けることは容易ではない。トップの立場に立つものは、常に研究され対応策を立てられる。一番であることのリスクもあるのだ。

長く続いている企業を見ると、必ずしも一世を風靡した企業とは限らない場合が多い。一回でも良いから一番を目指す戦略と、長くベスト5を狙う戦略は異なってくる。

リスクマネジメントでも、最大の被害に備える対応方針と起こりやすい被害に対する多様な戦略を用意するのでは、その対応方法が異なってくる。

これまで日本が得意としていた分野は、研究され、追いかけられるのは当然だ。テレビや半導体の世界を見ればわかるように、科学技術や経済でも既に起きている。これまで得意としてきた分野では、当然その就業人口も多く企業の投資も多いので、政策的には得意分野の優位性を持ち続ける方策を取りがちであるが、これは競争の激しい産業分野ではなかなかうまくいかない。

産業界でも、銅メダルの価値を見直すことが重要だ。いかに、メダルが取れる分野を広げていくかが日本産業界の課題だ。それには、経営者にも、研究開発者にも、過去の栄光からの決別が求められる。

研究開発者は、考え方が革新的だと思われるかも知れないが、実は保守的であることが多い。

もし、ものづくりにこだわるのであれば、ものづくりの概念を時代にあったものに変えていく必要がある。最近の子どもたちは、時計を分解してその構造を知ることはできない。今の時代にあった「もの」づくり教育が必要である。技術を過去の成功体験の中で考えていては、新たな時代に対応できない。

新たなコンセプトを提示できれば、そこでメダルを取る可能性は大きくなる。というのは、その競技のルールを自分でつくることができるからである。

新たな分野への挑戦。それはスポーツでも、経済でも同じことだ。過去の栄光は、過去のものでしかない。

安全の分野でも、最大被害への対応が着目されるという特徴がある。防災の視点でも、東日本大震災以後、活断層や津波高さの見直しが始まり、これまでの被害想定より厳しい状況が示されており、各自治体はその対応に頭を痛めている。

これまで、防災対応は、最大の被害想定を対象として計画を立ててきたが、防災計画は最悪の状態を対象としなければいけないわけではない。リスクとしては、その発生確率も合わせて対応の優先順位を考えることが重要である。

対応を考える際に、考えるべきことが多すぎると対応策がまとまらない。そのため、対応を考えるときに、問題を絞り込むことがよく見られる。問題を単純化したり、誰もが心配している影響の大きな事象に的を絞ったりするのだ。確かに、そのことで対応は考えやすくなる。しかし、そのことが、社会や組織の対応の優先順位の判断を誤らせることもあるのだ。

第二十八景

先進科学システムの受け入れは誰が決めるのか？

安全は、ISO／IECガイド51では「許容できないリスクから解放された状態」と定義されているが、誰が許容するのかを考えれば、その答えは専門家という結論にはならないであろう。

原子力のリスクとは何か？　という問いかけに対しては、人によって答えが異なる。

学術会議の工学システムの社会安全目標の報告書では、国、専門家、市民を以下のように位置付けている。

・国（政治・行政）等は、先見性を持って国際的な動向と国民の価値観に配慮してガイドラインを作成し、稼動・不稼動を決定する。

・事業者・専門家は、最新の知識・技術を用いて、現状リスクを把握・報告する責務を持つ。

・市民は、科学技術のシステム・製品を安全活用し豊かな社会生活を行うに際して、理解すべき科学技術のリスクに関して関心を持ち、その受容の在り方に関して常に考えておく。

稼働の是非を判断する責任を国としているのは、本来の判断者である国民ではなく、判断の主体者である国民の一人一人が詳細な知識を持って判断するのは難しいため、国民から権限を付託された政治家を含む行政に、その代行を求めている。

リスクマネジメントにおいて難しいのは、何がリスクかということを特定することだ。重要なのは、経営リスクなのか、設備の事故がリスクか、それとも市民のリスクが問題なのか？　その見方によって、リスクの展開は異なってくる。

『劔岳　点の記』[1)]という映画の中で、「何をしたかではなく、何のためにそれをしたのかということが大切です。」という科白がある。何のために行ったかによって、そのリスクが重要であるか否かが決まる場合もある。

科学技術のリスクは、未知性が強いためにその判断が難しい。先端医療も今後議論が必要な分野であろう。先端医療の一つとして、万能細胞の論文の整合性に世間の興味が集まっているが、万能細胞開発の是非についてはほとんど議論されていない。医学分野で様々な可能性が期待されているからなのだが、原子力もかつては光の技術ともてはやされたことを考えると、万能細胞の将来に対する危惧をぬぐいえない。少なくとも、論文の正当性を疑わせるような研究姿勢で、先端科学が進化していくのは危険極まりない。

科学技術の説明も、市民にいかにわかりやすくするかが問われる時代になっている。難しい内容をわかりやすく説明した事例として、法然[2)]の口称《くしょう》念仏がある。梅原猛[3)]は、観想念仏を口称念仏へと変えた法然は、一般の人々も極楽へ行ける道を示したと言う。科学技術の説明も、未だ観想念仏の域を出ない。口称念仏のような論を立てる必要がある。

また、法然は、悪人と称される多くの人を救おうとした。仏教の持つ二種廻向（往相廻向・還相廻向）、すなわち自利利他の考え方も重要かも知れない。他人を救済することが自分の利益になることと悟り切るのは難しい。

リスクを考える世界は、歴史上の人間の行動に見られる普遍性と、過去のデータからは推測できないシナリオが展開するところに、その特徴がある。経験のない状況を論理によって、その展開の可能性をいかなるところまで考えつくことができるかということが、リスクアセスメントに問われている。そして、そのリスクの評価を誰がどのようにして行えば納得できるかが、リスクマネジメントには問われているのである。

1）監督・木村大作。原作は新田次郎の小説。２００９年公開。

2）法然（１１３３‐１２１２年）浄土宗の開祖。

3）梅原猛（１９２５‐　）哲学者。

リスク評価と対応

リスクの評価において、時としてリスクはゼロでないと受け入れられないという意見がある。社会には、様々なリスクが存在している。これは、紛れもない事実である。したがって、社会にリスクが存在することを許容しないということは、社会を否定することになってしまう。ここに、リスク評価と社会の受容という難しい問題がある。

さらに、リスクがゼロでなければ受け入れられないということと、原子力に関するリスクのように特定のリスクを許容できないということは、別の問題であることにも注意が必要である。個別のリスクがゼロでなければ受け入れられないという意見への反論として、一般論としてのリスクゼロを求める論を不合理性で対抗するのは論点のすり替えである。

リスクマネジメントは、社会や組織の目的を達成するための手法であって、どの価値が社会に必要かということに関しては何も言及しない。どのリスクを忌避するかは、各人が決めることでもある。

個別のリスクへの対応をいかに考えるかをリスクマネジメントで検討するためには、更に上位の価値観を明らかにして、個別のリスクの取り方を検証するしかない。

ＩＳＯ ３１０００の視点

リスク評価（5・4・4）

リスク評価の目的は、リスク分析の成果に基づき、どのリスクへの対応が必要か、対応の実践の優先順位はどうするかについて意思決定を手助けすることである。

リスク評価には、組織の状況を考慮して確定されたリスク基準と、リスク分析プロセスで発見されたリスクのレベルとの比較が含まれる。この比較に基づいて、対応の必要性について考慮することができる。

リスク対応（5・5・1）

リスク対応の選択肢は、必ずしも相互に排他的なものではなく、また、すべての周辺状況に適切であるとは限らない。

リスク対応の選択肢の選定（5・5・2）

リスク対応の選択肢を選定する場合には、組織は、ステークホルダの価値観及び認知、並びにステークホルダとのコミュニケーションの最適な方法について考慮することが望ましい。リスク対応の選択肢が組織内の他部署のリスク又はステークホルダのリスクに影響を与える可能性がある場合、そのことも意思決定に含むことが望ましい。有効性は同じでも、ステークホルダによってリスク対応策の受容されやすさは異なることがある。

リスク対応自体がリスクをもたらすことがある。重大なリスクとしては、リスク対応策が失敗すること、効果を上げないことなどがある。リスク対応策が継続して効果的であることを保証するために、モニタリングをリスク対応計画の不可欠な部分とする必要がある。

第二十九景

松尾芭蕉とタイムマシン

『月日は百代の過客にして、行かふ年も又旅人也。舟の上に生涯をうかべ、馬の口とらへて老をむかふる物は、日々旅にして、旅を栖《すみか》とす。』

この文章は、言わずと知れた松尾芭蕉[1]の『奥の細道[2]』の序文である。学生時代に、『平家物語[3]』の『祇園精舎の鐘の声、諸行無常の響きあり。沙羅双樹の花の色、盛者必衰の理をあらわす。驕《おご》れる者久しからず。』という一節とともに暗記をした人も多いであろう。

さて、奥の細道の序文を今読んでみると、その雄大な発想に驚かされる。『行かふ年も又旅人也』とは、今でいうと時空という概念であり、4次元の感覚で物事を捉えているということだ。私も60年の人生を振り返るとそれなりに長い旅をしてきたと思えなくもない。

時空という概念は、古くからあり、空間と時間を一つの座標として捉えたのは、アインシュタインが最初ではない。宇宙という言葉がそれを表している。「宇」というのは空間のことであり、「宙」というのが時間のことである。

時空といえば、タイムマシンのことを考えずにはいられない。イギリスの小説家H・G・ウェルズ[4]により、1896年に『タイム・マシン』が発表されて以来、時間旅行は文学における大きなテーマとなった。

特に、未来のために過去を変えるというコンセプトは、繰り返し小説になり映像化されてきた。

タイムマシンを否定する意見としては、地球は移動しており、100年前の地球は今の位置になく、100年前の同じ座標に移動してもそこには地球はないので原理的に時間旅行はできない、というのがある。しかし、これは、地動説というオイラー座標で考えている意見であり、地球は動かないと考えて、地球のラグランジュ座標に変換した体系の中で考えれば、この問題は解決できる。と、まあ、いろいろな議論を生み出すのも、タイムマシンの話の魅力である。

タイムマシンでは、過去を変えることのパラドックスが有名だ。有名なのは、自分が生まれる前の父母を過去に遡って殺すと、結局自分が生まれないので、結局過去に遡って父母は殺せないというものである。映画や小説の世界では、破滅する未来を救うために、タイムマシンを用いてその原因を排除し、過去を変えるというストーリーは珍しくない。『ターミネーター』、『バック・トゥ・ザ・フューチャー』などの映画が記憶に残るが、このパラドックスに代表されるように、過去は変えてはいけないというのが、時間旅行のルールということになっている。

未来をよりよくするために努力することは推奨されるのに、過去を変えるのはなぜいけないのであろうか?

タイムマシンが発明されたとして、過去に戻って人の命を救うことはいけないことなのか? この問題を、可能性の視点から考えると、なかなか難しいものがある。

リスクマネジメントでは、「リスク対策は新たなリスクを派生させる」ということが、リスクに対応すべきことの注意点になっている。世の中に、うまい話はないというのが、リスクマネジメントの考え方である。

リスク対応を考えるときには、どうしても目の前の問題に対して、注意が集まりがちである。特に、今進行中のことや起きてしまったことに注意を向けがちである。ダンカン・ワッツ[5]は、『偶然の科学』（青木創訳、早川書房、２０１２）の中で、次のように記している。

『興味深いことや、劇的なことや、悲惨なことが起こるたびに、われわれは、無意識のうちに説明を探す。だが、出来事があってはじめて説明を求めるせいで、起こってもおかしくなかったが起こらなかったことよりも、実際に起こったことの説明に偏り過ぎる。』

なるほど、そうなのか――我々は、「安全か」ということより、起きた事故に興味があるのだ。

あるリスクを小さくすれば、そのことでその社会や組織全体のリスクが小さくなるとは限らない。社会や組織のリスクは、それぞれ関係しており、あるリスクを小さくする施策により別のリスクが大きくなる場合がある。リスクを見極めれば見極めるほど、社会や組織の問題の複雑さが明らかになり、解決すべき問題が増してくることにもなる。

一定レベルにある社会や組織では、簡単に対応できることには既に対応しているはずだと思ったほうがよい。したがって、今まで対応できずに残っている問題は、何がしかの対応が難しい原因を持っているはずだ。このような状況下では、リスク対応が新たなリスクを発生させるということへの配慮とその対処が重要となる。

リスクマネジメントは、多様な視点が必要である。今社会を構成する様々な人々の立場と同時に、今の市民の視点だけではなく、将来の市民の立場から問題を見ることも重要なのだ。

1）松尾芭蕉（1644-1694年）江戸時代元禄文化期の俳諧師。
2）奥の細道　松尾芭蕉による紀行文。芭蕉死後の1702年に京都の井筒屋から発刊。
3）平家物語　平家の盛衰を描いた軍記物語（鎌倉時代に成立したと思われる）。
4）H. G. Wells（1866-1946年）イギリスの著作家。
5）D. J. Watts（1971-　）コロンビア大学社会学部教授。

第三十景

大型補強をしたのに、なぜ優勝できないか？

部分最適化の集合が全体最適になるとは限らない。

最近の経営では、効率的ということを重視しがちである。効率が良いということは、その前提を決めてはじめて評価できることだ。環境の変化を前提とすると、その環境の変化に応じた対応が必要となり、見かけ上効率は悪くなることもある。これを無駄と考えるようでは、多様な未来には対応できない。

リスクマネジメントは、環境の変化を考えた上で、リスクを最適化しようとする。個別業務視点での対策を考えるということも、組織全体には環境の変化になるということを念頭に置いておく必要がある。

そして、その組織もまた、業界や社会の一機関であることを認識しておく必要がある。自社の合理性だけを考えて人員整理を行えば、企業の経営は立ち直ったとしても、社会全体から見れば失業者が増えることになり、結局不況が企業経営を圧迫することになる。

スポーツ界も他の競技との共存共栄を図っている。サッカーの試合日程も、サッカー界の都合だけで決まるわけではない。他のイベント（例えばプロ野球の日程）などを考慮して、共存を図るということは当たり前である。

個々のチーム構成でも、優秀な選手をチームに入れれば、そのチームが強くなるとは限らない。Jリーグの初期には、ヨーロッパや南米から有名選手を招き入れたが、そのチームが期待通りに強くはならなかった。日本選抜や世界選抜というオールスター軍団のチームが、単独チームと戦って苦労する場合があるのもこの事例であろう。

また、競技は異なるが、かつてあるプロ野球チームが、各球団の4番バッターを集めたようなチームを作ったことがあった。シーズン前の評判では、優勝は決まったかのようであったが、いざシーズンが始まるとこのチームは意外ともろかった。

野球で4番バッターを並べても勝てないことからもわかるように、個々の力を強めれば最適チームになるわけではない。試合に勝つチームという視点でのリスク最適化の視点が重要なのである。

最近のサッカーでは、チームへの献身的な動きが評価されるようになってきている。例えば、ボールを持たないフォワードがゴール前に走り込んで相手のディフェンダーをひきつけ、空いたスペースで別のフォワードがボールを受けるというフォーメーションがそれにあたる。ボールの動きだけを追っていたのでは、この囮《おとり》になってくれたフォワードの動きは評価できない。ボールにはからまない献身的な走りが、チームに勝利をもたらすのだ。

このような組織目的最適化の視点で、リスクの評価も人事などの評価も行うべきである。

ある弱点を補強する施策が、全体の弱点を補強するとは限らない。ある弱点を補強する施策が、それまで存在しなかった新たなリスクを生み出すことがある。

リスク対策を考えるときには、その対策の対象となるリスクの影響を小さくする効果のみを考えがちであるが、対策の評価には、その対策の持つあらゆる効果を考えることが必要だ。

日韓W杯のチケット問題も、管理下にないリスクに対する対応が必要な事例だろう。W杯のチケットに責任を負うのは、基本的にFIFAである。日韓W杯のチケットもFIFAと英国の企業が責任を持つ体制であった。ところが、この貴重なチケットが試合が近づいても手元に届かないというトラブルが発生した。

日本で開催する以上、日本の組織委員会はFIFAの責任だというわけにはいかない。チケットが到着する日を何通りか設定して、各ケースの最適なチケット配達の方策の検討に入った。

試合を楽しみにしている多くのファンのためには、組織内部で責任を追及しあってもしょうがない。結局は、大会を成功させるためには、できることをできるものが行うべきだということで一丸となって対応できたことは、自分の責任よりも最終目的の達成を優先した組織方針の成果であった。

組織のリスク対策は誰が行うかよりも、組織として何を行うかということが大切である。特に、リスク対応が失敗して危機管理に移行するときは、緊急を要することは組織のすべての能力を駆使して実施すべきである。

第三十一景

自分を認識する——会社の評価、自分の評価

組織の運営のためには、評価制度が必要である。良い評価制度は課題を明らかにし、組織の目標を明確にする。このことは、個人でも同じである。

会社と自分の評価指標が全く一致している人はまれであり、幸せな人である。

一般的には、この二つの評価ベクトルは同じではない。

これからは、企業の評価基準で自分を測るだけではなく、自分で自分の評価指標を持つべきである。どのような人生を歩みたいかを決めるのは会社ではない。最終的には自分なのである。

我々は、この二つの評価指標に対する重みを自分で決めなくてはならない。もし、会社の評価体系による評価を重視するのであれば、自分の評価体系による自己評価は犠牲にする必要が生じてくるであろう。また、自分の評価体系による評価を重視しようとすると、会社の評価は悪くなるかも知れない。自分の生甲斐を求めた行動を優先し、会社の評価が低いことに文句を言うのはわがままというものである。

自分の成長と会社の成長が相俟って進んでいくという幸せな状況を持つには、この二つの評価指標をできるだけ多く共通にすることである。

相容れない価値観の違いは、明確に意識し、どちらを優先させるかを決めることが必要だ。そして、優先順位の低い評価指標で低い評価を得ても気にしないことである。もちろん、その前提としては、優先順位の高い評価指標で満足の行く結果を残しているということが大切ではあるのだが。

ともあれ、自分のキャリアパスの見直しを始めるためには、会社は自分に何を求めていて、自分は自分に何を求めているかを明らかにすることである。このことは、決して簡単なことではない。しかし、この作業を抜きにしては、自己改革は進まないのである。

ある会社の経営者に成功のヒントを聞いたことがある。その方の答えは、毎年正月に「その年に達成したいことを紙に書いて庭の灯籠に置くこと」だそうである。そうすると願いがかなうことが多いと言って笑っていたのを今でも覚えている。このエピソードは、何やら神がかりのように聞こえるかも知れないが、ポイントは、毎年、自分の目標を明確に文字として書くことによって、具体的な目標を立て、自分が認識するところにあるような気がする。

右肩上がりの成長が約束された時代には、いかに効率よく大量の商品を生産し、いかにそれを効率よく市場に流通させるかが競争優位を築くためのポイントであった。しかし、いかなる市場も成熟期にある今日、企業が競争優位を勝ち取るためには、改めて顧客接点の再生に取り組める自立的な社員の存在が必要となる。

そのような社員になるためには、顧客の生の声を吸い上げ、それを次なる商品・サービスの品質向上に活かし、それが顧客に受け入れられることにやりがいを感じることのできる、「感動できる社員」に自分を変革させていく必要がある。そして喜びを持ちながら働く「感働」を得ることになる。

企業も、社員を人材から人財と見方を変える必要があるし、社員も自分自身を売れる人財となるための要件を知ることが必要である。

アメリカのビジネス界を舞台にしたアメリカンドリームを描いた映画を観ていると、大きな野心と希望を胸に田舎町からニューヨークへ単身乗り込んだ若き主人公が、会社の採用面接を受けるシーンが出てくる。そこで申し合わせたように繰り返される会話は、「この分野での経験は？」「過去の実績は？」という採用担当マネージャの刺すような質問と、「僕には経験はありませんがポテンシャルと熱意だけは負けません。」「しかし、我が社では相応しい経験のある人間以外は雇わないというポリシーなんだ。」「あなただって今の僕みたいな時代があったでしょう。誰だって最初は新人じゃないですか。どうかチャンスを下さい。」といったやりとりである。

苦難を乗り越えて大成功を収める中に感動と感働があるのは間違いないが、また一方でこの採用時のやりとりには人材としての自分を信じて売り込もうとする若者と、人財を求めようとする採用側の思惑が象徴的な形で反映されている。

人材というのはまさに材料であり、素材である。そこには様々の可能性と発展性が込められている。そうした面から何といっても重要なのは可能性を秘めた人材である、というのが人材派の概ねの見方である。自分を売り込もうとする若き企業家も「材」としての自分を信じ、その可能性・潜在力を認めて欲しいと必死になる。

一方、企業は人をどう見るかといえば、必要なのは「財」を産み出すことのできる人的資源である。個々人の有する技術やノウハウ・経験などがどれだけ市場で価値を生み出せるかが問われる。「あなたは会社にどれだけ貢献できますか?」要は実績であり顕在力である、というわけである。人の捉え方は様々である。

しかし、ここでは人材論と人財論の是々非々を論じようというのではない。個と組織がダイナミックにせめぎあう中で人材が財となっていくためにどうするかということである。この個と組織のせめぎあいこそが感動である。人材は経験を積み、感動を知ることによって人財となっていく。組織の中で感動を得られるのは、共感を持って力を傾注したプロジェクトの成功体験を通してであり、自らの力によって産み出した成果が実感されるからにほかならない。

しかし、自分は感動したい、共感したい、その中から成功をつかみたい、と念じていればその機会が訪れるというわけではない。自分の材として潜在力の高さ、財に成長していく姿への魅力を相手に理解してもらわなければならない。ここでいう相手とは、経営者であり、上司であり、同僚であり、そして何よりも顧客である。企業人の多くは、社内で評価されることによってももちろん喜びを得るが、顧客に与えられる感動はさらに大きいものと感じている。顧客による励ましは何よりの力となり、顧客からの賞賛は他の何ものにも代えがたい自信と次なるモチベーションの源となる。

一方、組織にあってはこうした材を見いだし、財へ発展させていくための場をつくり、醸成させていけるマネージャの存在が不可欠である。目利きこそ優れたマネージャの特質である。優れたパフォーマンスを上げる組織では、こうした優れたマネージャのもとで、潜在力のある人材が感働・体験を積み重ねることによって、自己の所属する組織や顧客に対する価値を増していくという、感動と共感のスパイラルが形成されているということができる。

リスクを評価するためには、その評価指標となるリスク基準が必要となる。

このリスク基準が、これからの社会が求めるものと異なっていれば、いかに精密な評価を行っても意味はない。

リスク基準をどのように設定するかが、経営者に問われている。

第三十二景

行政の庁舎は原子力発電所より頑丈か？

原子力防災という仕組みがある。原子力発電所で事故が発生した際に、住民を守るための仕組みである。原子力発電所で事故が発生した場合、発電所の事故対応は事業者が、そして住民の避難などの対応は行政が受け持つことになっている。住民を災害から守る仕組みとしては、地震などの自然災害対策もあるが、原子力防災は対象が原子力という工学システムが発災の原因になることと、守り手として国が前面に出てくるところに特徴がある。

国の役割は、原子力発電所や環境の状況を把握し、対応方針を決定し大きな仕組みを運営することになるが、実際に地元の住民の避難に関する活動は、地元自治体で実施することになる。

原子力防災は、ＰＡＺと呼ばれる５㎞以内の地域と５㎞から30㎞までのＵＰＺと呼ばれる二つの地域に分けて対応が検討されているが、ＵＰＺ圏まで考えると、対象住民は１００万人程度になる地域もある。このような多くの人々を災害時に安全に避難させるのは容易ではない。そのため、想定された状況が生じた場合、ＰＡＺ圏の住民は即時避難を行い、ＵＰＺ圏内の住民はまず屋内退避を行い、状況の進展に応じて避難を行うことになっている。原子力防災は、住民の命や健康を守るための重要な活動であるが、その活動が重要であればあるほどその実効性を確保することが求められる。

原子力発電所で事故が発生するケースは様々であり、この災害対応には、当然のことであるが、地震時に原子力発電所で事故が発生した場合も含まれる。

ここで考えなくてはいけないのは、地震発生時の原子力事故への対応の実効性はどの程度あるかということである。現在、原子力発電所の地震時の安全に関する改善は進んでおり、頑健性を増しているといってよい。このような安全性の向上した原子力発電所において地震が原因による事故が発生するとすれば、そのときの地震被害はかなり大きなものとなっていると考える必要がある。

そのような状況において、原子力発電所の周辺状況を考えてみると、とても通常の状態とは思えないであろう。

家屋の健全性は当然心配であるが、道路も寸断され信号も機能していない可能性が大きい。防災の指揮を振るう拠点の建物も耐震性は強化してあるが、原子力発電所より頑強だとは、とても思えない。

地震時の原子力防災には、守るシステムより地震に強いはずの発電システムが被災するという厳しい環境においても機能するという命題を抱えているのである。

防災力というものは、まず現状の力を把握するところから始める必要がある。もし、地震時の住民対応が難しければ、施設の健全性に関して、より高い目標を課し、そのことを前提として考える必要がある。

一方、テロを考えると、ハード設計でテロに対して万全に備えることは難しい。いかに厳重に防御設備を用意しても、人が作り上げたものは、必ず壊す方法が存在するからだ。設備対策では万全に対処できないテロに対しては、住民避難が住民の生命・健康を守る最後の砦となる。

住民の命を守るためには、行政と事業者の連携が欠かせない。自分たちだけで何とかしようとすると、結局住民を守れなくなる。

リスクマネジメントにおいて、一般的には、リスクは小さくはできるが、リスク源を排除するという回避策を除いて理論的にゼロにはできない。したがって、リスクの低減においては、リスクが定性的に小さくなるということを見極めるだけでは十分ではなく、どの程度小さくなったかが重要である。

このリスクの低減を確実にするためには、対策を講じたということで終わりとするのではなく、その対策の効果を十分に検討し、その対策の十分性を評価したり、対策を打った後、その効果を確認したりするなどの検証が重要である。

また、リスク分析で明らかになった事象に関して、自分の担当外のできごとであるなどの理由で、その分析結果を見過ごしたりすれば、リスク分析の効果は半減する。

分析や対策の対象として、リスクに関しては、その成果も含めて責任のある対応をすることが重要である。

このことを実施することにより、各自が責任のある対応をする安全文化が醸成できる。これが、リスクマネジメントが求める成果でもある。

第三十三景

情報化社会における知恵の獲得

21世紀は高度情報化社会である。20世紀は鉄道や道路などの社会インフラが整備され、工業社会の基盤が確立された。そして、21世紀は情報通信ネットワークが社会の重要なインフラとなり、新たな社会フレームとなる。

20世紀に21世紀社会の様々な予想を行ったが、実現できたものと実現できなかったものがある。20世紀の予想では、21世紀の自動車は車輪で動くのではなく宙に浮き都市の中を飛び交っていたが、現時点では自動車は相変わらず車輪で道路を走っている。逆に、予想以上に進化したのは、情報通信技術だ。インターネットの出現、ＰＣ、携帯電話などの高機能化競争は、情報分野における技術開発を加速した。このことにより情報・知識の取得の主流は、紙媒体から電子媒体へと移動しつつある。この流れは、電子書籍などの新たなサービスによって、さらに加速するであろう。そこで、ここではこの高度情報化社会における情報、知識、知恵の獲得という視点で、便利ということのリスクを考えてみる。

情報化社会で多量に流通していくのは、当然のごとく情報である。情報とは、記号系列でもあり、限定的なメッセージともいえる。そして、知識は、その情報を体系化したものと捉えられる。さらに知恵は、その知識に価値観が含められある種の問題を解決する機能を持つものである。この情報を知識、そして知恵までに高めていく仕組みがないと、単なる情報の洪水に飲み込まれた情報過剰の社会で終わってしまう。

私は、情報技術システムの課題として、情報が知恵へと進化する刺激が持ちにくいのではないかという懸念を持っている。その理由は、情報化社会では、情報の量が圧倒的に多く、情報の取得が容易であるということにある。さらには、情報の背後にある思想を把握しにくいということもその理由の一つである。

このことを、書物との対比で考えてみる。書物のあるページに書かれている言葉や文章は情報にすぎない。しかし、その情報を成立させている構造を考え合わせると知恵が導き出される。そして、その情報を取り巻く構造や他の情報との多様で複雑な関係性を教えてくれるのは、書物自体の重さや残りページの量といった物理的な感覚情報であることもある。知恵も、ある条件の中で切り取られると、知識や情報で終わってしまう。電子情報は、容易に新たな情報が検索できることもあり、一つの情報を多様な視点で考察したり、その情報の多様な加工を試みたりする努力がおろそかになりがちである。

日本の伝統文化である俳句の会でも、インターネットの活用が盛んになっている。俳句には、歳時記という季語や例句を掲載したものがあり、その内容についてインターネットを使って調べても同じようなものであるが、何か違う気がする。何かとは何か？　それは、インターネットでは、すぐにいくらでも調べられるということである。書物の歳時記に載っている例句は限られている。しかし、インターネットを用いれば、好きなときにいくらでも例句を調べることができる。兼題の意味や自分が作りたい句の参考になる句を必要な都度いくらでも調べることができる。この「必要な都度」というのが曲者である。教養や技術というのは、そのときに必要なものを最低限度に持てばよいというものではない。インターネットの便利性が、知識の広さを必要としなくなってきて、そのときに必要な知識に限定した取得を行う方式では、応用が利かなくなる場合が出てくる。

技術の進化は、人間本来の機能低下のリスクを大きくする。そしてそのことが、人間の精神活動にまで大きく影響を及ぼすようになってきている。果たして、技術の進化は、人間本能の低下や精神活動の変化によって生じる困難をカバーできるのか？　情報社会の重要な検討課題である。

直接世界を結ぶ技術に情報通信技術がある。現代社会では、問題が発生すると、世界の至るところでインターネットを用いて議論がなされる。そのような場に、日本から議論に参加するには、まだ、あるレベルの語学力が必要とされる。この語学力の壁が、国際的な相互理解の一つの壁となっている。また、現在では、多数の人が海外へ出て行く状況であるが、その中で無邪気すぎる行動によってトラブルを招く場合も少なくない。これは、他国への知識不足が招いているといってもよい。

これらの問題の解決のために、英語教育の高度化や海外での日本語の普及を図る考え方もあるが、英語の高度化は欧米対応や知識階級には有効であっても、万能ではない。現在、公用語として英語を使用できる人数は、世界人口の¼程度と言われており、残りの¾の人々と互いに意思を通じさせるためには、その国の言葉を介する必要もある。特に、非英語圏として早急な対応が必要な国がお隣の中国である。

　また、日本語の普及という考え方も、その実現の困難さは明らかであるし、日本語の普及という考え方自体が、日本を知ってもらうということを主とした考え方であり、日本人が世界を知るということには、あまり効果はない。

　さらに、このような問題は日本のみならず、世界が狭くなるにつれて、他国でも切実となる問題である。

　国際的理解を広げようとしたときに、相互理解が重要であり、その障害となるものは歴史認識だけではなく、対話を促進する言葉の壁の問題も存在する。この世界的な問題に対処するためには、インターネットと連動したマルチ言語に対する高度翻訳システムの開発が必要であり、その開発したシステムを世界に提供することが日本の世界貢献足りうる。電話や会話といった音声認識に関しては課題も多いが、少なくとも文字情報の翻訳は、現在かなりのレベルのものが開発されつつあり、その精度も上がってきた。しかし、多くが有料であり、なおかつそのレベルは、マニュアルなどの決まった構文に関しては、かなりのレベルで翻訳できるものの、日常会話になればなるほど、ニュアンスの出し方が難しい状況である。世界中の人々が市民レベルで同じチャットで対話できれば、今よりもさらに理解は進むはずであり、少なくとも多様な考え方があることを知るためには、役に立つはずである。

　これまで、科学技術は国際社会において、国の競争力を高め、他国との差別化の道具として議論されることが多かった。しかし、科学技術が一国の利益を最大化するものにとどまらず、地球上の多くの国々に豊かさをもたらすものであるということを考えれば、科学技術が国と国との橋渡しとなる場合もあるはずだ。

リスクは、好ましい影響と好ましくない影響の双方を含むものである。したがって現代のリスクマネジメントは、好ましい影響を大きくし、好ましくない影響を小さくするという二つの視点で施策を考えていく。しかし、このことが意外と難しい。好ましいと考えていることが、好ましくない影響をもたらす場合も多いからだ。

リスク評価を表層的な影響だけで判断すると、後々悔いを残すことになる。リスクマネジメントは、深い先読みが必要となる。

第三十四景

正岡子規はいつ柿を食べたのか？

正岡子規に『柿食へば鐘が鳴るなり法隆寺』[1)]という句がある。この句がいつ読まれた句かということが、仲間との句会で話題になったことがある。その会の参加者は6人であったが、その内の3人が「昼間の句」、2人が「黄昏時」、そして私が「夜」という意見であった。

「昼間派」は、この句は青空の下、法隆寺を目の前にして茶店で柿を食べているという意見だった。そして「黄昏派」は、鐘が鳴るのは何となく夕方のような気分というのである。確かに、童謡の『夕焼け小焼け』には、「日が暮れて山のお寺の鐘が鳴る」という歌詞がある。まあ、そういう意味では、夕方と感じるというのもわかる気がした。ただ一人「夜派」の私は、どこかの宿において一人で柿を食べていると、どこからか鐘の音が聞こえてくるというイメージを持っているという意見を述べた。単に、鐘といえば、こたつに入って聞く除夜の鐘のことが頭に浮かんだからかも知れない。

これは有名な句なので、俳句をつくる人にとって、句の背景くらいは常識なのかも知れないが、まあそういう議論で盛り上がるくらいの仲間の会である。議論は、なかなか収束せずにお互いに自分の主張を譲らない。その中で「昼間派」の一人が発した意見がなかなかのものであった。いわく「柿は冷えるので、夜は食べない。」

なるほど、人は自分の意見の正当性を裏付けるためには、様々な理屈を見いだすものである。いわんや、リスクという未知の事象を語るときには、いろいろな理屈がありそうである。

ちなみに、後でこの句について調べてみると、子規が１９８５年に松山から東京に戻る途中に奈良に滞在したときに読んだ句らしい。一応、法隆寺の前の茶店で柿を食べていたら鐘が鳴ったという説明があり、この点では「昼間派」の主張の通りであった。しかし、実際には、奈良の宿先で下女の持ってきた御所柿を食べていると初夜を告げる東大寺の鐘の音を聞いて、翌日訪ねた法隆寺の句にしたとの見方もある。子規が実際に法隆寺に行った日は雨だったらしく、法隆寺の鐘の音を聞いてこの句を作ったかは怪しいらしい。この点では、「夜派」の意見も一理あることになる。

リスクのシナリオを考える理屈もいろいろある。そのリスクが小さいと言いたいときの理屈、リスクが大きいと言いたいときの理屈と様々である。

リスクを捉える理屈が、ある意図を持って行われると、リスク分析の意味がなくなる。例えば、そのリスクが許容できるか否かは、分析の結果として出てくるものであって、リスクが許容できることを説明するためにリスク分析があるわけではない。

また、いくら厳密に分析を行っても、そのリスクの重大さに関しては、結局は判断するものの価値観に寄らざるを得ない。例えば、人が１人死ぬのと、１０００人が住む場所を失うのとでは、どちらがより受け入れられないかは、人によって考え方が異なるだろう。工学的アセスメントだけでは、社会の受容判断はできない。

『我を切り　刃鍛えて幾星霜　子に恨まれるとも孫の世の為』これは、『るろうに剣心[2]』という漫画の中で、刀鍛冶が息子に責められながらも刀をつくっていく話で、最後に打ち上げた逆刃刀に刻んである言葉である。世を守るためのけがれを引き受ける覚悟が刻まれている。何が悪くて何が良いことか？　どの見方を取るかで異なってくる。

リスクマネジメントでは、結論を決めてからリスク分析を行ってはいけない。多様な分析結果を基に評価を行うという当たり前のことを忘れてしまうと、リスクマネジメントは強弁の手段となってしまう。

リスクマネジメントは、不確かな未来への施策を後悔しないように定めるための手法である。多様な未来に眼をつむってはいけない。

リスクとは、未来の指標である。

1）正岡子規（1867-1902年）俳人、歌人、国語学研究家。
2）和月伸宏（1970-　）原作。

第三十五景　守りを固めるとなぜ点数を取られるのか？

リスクマネジメントでは、自分に都合の良い話が持ち上がったときには、気をつけろと教える。どちらかに一方的に都合の良い状況などないからである。

ブラジルのW杯（２０１４年）において、日本は初戦の対コートジボワール戦で、後半わずかな間に2点を入れられ逆転されてしまった。試合後、選手の口から前半1点を先取したため、守りに入ったのが敗因だという意見が出た。ギリシャ戦も相手方が一人少なくなるという数的優位の中、スコアレスドローであった。

日本の不調は、本田、香川という期待の選手の調子が上がらなかったというのも敗因の一つであろう。もっとも、特定の選手の調子にチームの勝敗が大きく影響されるということ自体が問題ではあるのだが……。二人は、それぞれACミラン、マンチェスターユナイテッドという欧州のビッグクラブに移籍をしたばかりだった。この移籍は日本人としての快挙と称賛されたが、この移籍によって二人の試合出場の機会が減り、そのことが調子を落とす一因となった。

リスクとは、こういうものである。古来、「禍福は糾《あざな》える縄の如し」という。

サッカーの試合で、勝っている試合でフォワードの選手をディフェンダーの選手に変えて守備固めをした途端に、相手に点を入れられるという場合がある。それには、いくつかの理由がある。まず、守備は選手間の連携が重要であり、新たな選手が入ってきたためにその連携が壊れるということがある。この事例は、疲れた選手を元気な選手と交代した場合にも見受けられる。各選手間の個別能力の比較であれば、ディフェンダーの守備力は、フォワードの守備力より高いはずだし、元気な選手は疲れた選手より守備力が高いはずである。しかし、個々の選手の守備力の合計とチームの守備力の総力とは異なるのである。

また、別の視点で見ると、自分のチームが守備に力点を置く作戦をとるということは、相手チームは、攻撃に戦力をより多く投入できることになったということである。こちらの守備力は増すかも知れないが、相手チームの攻撃力も増加するのである。

つまり、ある問題を解決しようとした対策が、別の問題を引き起こすのである。

監督は、この複雑なリスクの関係を考えながら、采配を振るっている。ここで大切なことは、その試合の位置付けをチーム全体で確認することだ。そして、その意味を各人が正しく理解することである。チームの目的を共有しても、各人が失敗を恐れるあまり、チーム方針を順守できないということがある。これは、指揮官の手腕が問われるところである。単に、チーム方針を話しただけでは、チーム方針を徹底することはできない。明確な指揮官の意思が重要なのである。

日韓W杯（2002年）で韓国の監督であったフース・ヒディングは、1対0で負けているときに、攻撃的サッカーを行うことを選手に要求した。「攻めることで相手に点数を入れられて0対5で負けてもかまわない。しかし、このまま0対1で負けることは許さない。」と。

別の分野も見てみよう。1999年9月30日に、株式会社ジェー・シー・オー（東海村）において、臨界事故が発生した。このときに、野中官房長官は、「後でやりすぎと非難されてもよいから、安全側の対応を取りなさい」とその方針を徹底させた。ここで重要なのは、「後でやりすぎと非難されてもよい」というやりすぎによって発生する問題に対する責任は、リーダーがとると明言したことだ。

ここで視点を変えて、試合の運営の事例として、フランスW杯予選でのできごとを紹介する。

1997年9月7日に国立競技場において、フランスW杯予選として対UAE戦が行われた。この試合で、日本は1対1の引き分けとなり、W杯出場が苦しくなる立場に追い込まれた。この結果に観客が怒り出し、競技場の内外で騒乱が起きた。

この結果を受けて、11月8日の国立競技場において開催した対カザフスタン戦において、入り口での手荷物検査を1列に限定して、厳しく行った。これは、警備を強めることが目的であったが、キックオフの時刻が迫るにつれて、困った状況が発生した。

入り口に滞留したお客さんがキックオフに間に合わないと騒ぎ出したのだ。このままだと、試合の前に騒乱が始まる恐れが出てきたのだ。この状況に対応するため、急遽手荷物検査の列を増やしお客さんの滞留を解消することになった。

手荷物検査を丁寧に行えば、当然入場には時間がかかる。ある対策を打つ場合は、その効果だけではなく、負の影響も考える必要があることがわかる事例である。

リスク対策の内容を検討するときには、その対象としている課題への対策効果のみを考えて決定してはいけない。リスクへの対策は、別のリスクを生み出す。その派生効果までも検討するというまじめさが、リスクマネジメントでは大切である。

第三十六景

未来の風景——何を続け、何を終わらせるのか？

未来論にはいろいろなものがある。科学技術の進歩により利便さが増した社会像から終末思想に基づいた世界像まで様々である。

２０１２年３月10日から６月11日までの間、日本科学未来館で特別企画展「世界の終わりのものがたり」が開催された。ここでは、「わたしの終わり」、「予期せぬ終わり」、「ものがたりの終わり」、「文化の終わり」の４つのコーナーが設けられており、様々なリスクのデータや社会の在り方、そして個人の生き方に関する73の質問が用意された。「わたしの終わり」では個人の一生について、「予期せぬ終わり」では地震やテロの不確実な危機について、「ものがたりの終わり」では宇宙や地球の終わりを、そして「文化の終わり」では、テクノロジーの進歩によって変化した生活を考えさせるものであった。

あらゆるものに終わりはある。しかし、終わりがあるということは、同時に終わるものが何らかの新たな形をとって生まれてくるということだ。終わりは、再生の始まりでもある。つまり、「終わりのものがたり」を考えることは、「何を終わらせ」、「何を始めるか」を考えることでもある。ここに、科学未来館で「終わりのものがたり」を考える意義がある。

科学技術は、何かを終わらせ何かが始まるという世界の変化を加速させる。自動車の出現は馬車の時代に、蒸気船の登場は帆船の時代に終止符を打った。このような時代の入れ替わりは、市民の選択の変化がもたらしたものであった。そこには、利便性という視点が大きく働いている。しかし、失うことのリスクは、失ってみなければわからないものもある。

また、終わりを考えるということは、終わらせたくないものを考えるということだ。そして、終わらせたくないものを守るためには、様々な努力が必要となる。その価値が高ければ高いほど、その難易度は増す。したがって、我々は、科学技術によって何を終わらせ、何を始めるのかという選択を、意思を持って行う必要がある。

学術会議では、工学システムの社会安全目標に関する報告書を出しているが、そこでは、工学システムの稼働するリスクと稼働しないリスクを考え併せて、そのシステムの受容を考慮すべきとしている。

何を終わらせたくないのか？　このことをしっかりと考えなければいけないときにきている。これからの社会では、終わることのリスク、終わらないことのリスクを考えることが重要である。

世界的に安全性の高さが認知されている日本の鉄道でも、あらゆることに対して万全であるわけではない。九州新幹線が、創業間もなく、架線トラブルで6時間も止まったことがあった。トラブルへの対処の経験が豊富なＪＲでさえ、新たなシステムのトラブル対応には戸惑うということだ。新たな技術システムは、経験していない新たなリスクを抱えている。ほとんど重大なトラブル経験のない、先端システムにおいては、トラブル対応が難しいのはいうまでもない。あらゆる事故に対して万全の備えをすることの難しさを改めて実感する。リスクがゼロでないからといって、その工学システムをすぐに否定するものではない。しかし、どこまでのリスクなら許容できるかは、なかなか定められるものではない。このことは、一般の事業でも同じことだ。東日本大震災において、事業継続計画が活用できなかった事例が多く出た。このリスクの時代において、事業継続を行うということは、さほどに難しい。

様々な判断が求められる日常業務の中で、何を継続し、何を中止し、何に力を入れていくかということを合理的に選択していくことは容易ではない。目指すべき社会像やリスク像をいかに明確にして、日々の業務の中で対応していくかが大事になってくる。

リスクマネジメントを学ぶというと、いかにリスクを正確に予測するかという分析の方法を学ぼうとする人が多い。

しかし、ここでもう一度思い出していただきたい。リスクマネジメントがマネジメントであるということを。

マネジメントで大事なことは、何に価値を置くかということである。

この価値に対する理解がないと、「何がリスクであるか?」「リスクの大きさはどのようなものか?」「リスクにどう対処すべきか?」「その対策は効果があるか?」というリスクマネジメントの重要なステップの十分性が検証できない。

リスクマネジメントの判断には、何よりもその組織や社会が目指す姿が重要なのである。

リスクマネジメントは、未来を予測するものと考える人も多いが、未来は多様過ぎてとても予測できるものではない。リスクマネジメントは、目指す未来を見据え、その未来に向かって最も有効な道を探すことである。

どの道が自分の行くべき道か？　それは一つではない。一つではないから選ぶことができるのだ。

この判断をいかに後悔をしないようにするか？　今の判断だけの問題は、これから先ずっと続いて行く。ただ一回の判断の間違いが、その社会を大混乱に陥れることもある。

我々大人は、できる限り、この判断を間違いなく行うように努力しながら、その考え方を次の世代に引き継いで行かなくてはならない。

より良い未来を次世代に継ぐ。そのためにリスクマネジメントは存在する。

未来は予測するものではない。未来は、意思である。

おわりに

「配られたカードで勝負するしかないのさ。それがどんな意味でも。」これは、スヌーピーの言葉である。スヌーピーは、チャールズ・M・シュルツの漫画『ピーナッツ』に登場する犬のキャラクターの名前であることは、多くの方がご存知であろう。

今の学問は、ルールのあるスポーツのようである。スポーツは競技のルールに従って競うものであるため、行って良い行動が制限を受けている。今の学問も自分の検討範囲を勝手に決めて、専門家はその領域から出てこない。

しかし、リスクマネジメントは、本来、総合格闘技である。あのリスクは対象だ、あのリスクは対象外だということはない。どんなリスクでもマネジメントの対象にしなければならない。しかし、今社会で実施されているリスクマネジメントは、他の多くの学問と同様に、対象を限定した、いわば、ルールのあるスポーツになってしまっている。リスク分析は、判断を支援するものであり、その分析の範囲は限られたものであっても問題はない。ただし、限られた範囲の分析結果で、判断できることもまた限られている。

かつて、安全論は、安心問題やテロ問題は扱わなかった。それは、武道ではこぶしで殴ってはいけないというルールの中で戦うということと同じである。スポーツや己を鍛えるという視点では特に問題はないし、禁じ手があるために技に工夫をするという意味も出てくる。しかし、現実の闘いでは、あらゆることが起こりうる。実際の勝負にそんな制限は存在しないように、学問にもそんな制限はいらないはずだ。

社会には、多様なリスクが存在する。そしてあるリスクを小さくすれば、別のリスクが大きくなる。これからの社会では、気づいた問題を気づいた順に対応して行くという方法では、望ましい社会は実現できない。ある課題への対策は、別の課題を生み出すからである。

これからは、社会に潜在する多様なリスクを知り、これからの望ましい社会を創りあげるためには、どのようなリスクを受け入れ、どのようなリスクを減少させていくかというリスクの最適化の選択が重要となる。

我々は、社会生活にある一定のリスクは受け入れていかなくてはならない。それがリスク共生という概念である。問題は、どのリスクを選択するかだ。未来の多様な可能性を追求するためには、リスクマネジメントもあらゆる可能性を追求する必要がある。

奥村土牛は、「如何に大いなる未完で終わるかが大切だ。」という言葉を残している。未来の追求に終わりはない。リスクマネジメントも大いなる未完で終わることが大切である。

付録1　ＩＳＯ　３１０００のリスクの定義

ＩＳＯ　３１０００の特徴を考える際に、最も重要なことがリスクの定義である。

まず、これまでのリスクの概念を記す。リスクという概念は、一般的には、以下に示すように「何らかの危険な影響、好ましくない影響が潜在すること」と理解されてきた。

①　米国原子力委員会の定義　リスク＝発生確率×被害の大きさ

②　ＭＩＴの定義　リスク＝潜在危険性／安全防護対策

③　ハインリッヒの産業災害防止論の定義

リスク＝潜在危険性が事故となる確率×事故に遭遇する可能性×事故による被害の大きさ

これらの定義により、リスクマネジメントは、好ましくない影響をコントロールすることだと理解されてきたことが多かった。

しかし、２００９年に発行されたＩＳＯガイド73（リスクマネジメント―用語）及びＩＳＯ３１０００では、リスクは、「目的に対する不確かさの影響。」と定義された。

この定義の特徴は、二つある。一つは、リスクの定義に「目的との関係を記したこと」であり、もう一つは、定義の注記で「影響とは、期待されていることから、好ましい方向及び／又は好ましくない方向にかい（乖）離することをいう。」と記されたことである。このことによって、リスクの影響を好ましくないことに限定していないことになる。このリスクの定義により、ＩＳＯ ３１０００では、リスクマネジメントが各分野の好ましくない影響の管理手法というレベルから，組織目標を達成する手法へと進化した。

以下、この二つの特徴に関して記す。

1）リスクが組織目的との関係で定義されたこと

この定義により、目的の達成に対して、何らかの原因（原因の不確かさ）が、何らかの条件下（起こりやすさや顕在化シナリオの不確かさ）によって起こる何らかの影響（影響の不確かさ）の可能性をリスクとして定義したことになる。言い換えると、目的を明確に設定しなければ、リスクが定まらないことになる。

また、ＩＳＯ ３１０００では、「目的は、例えば、財務、安全衛生、環境に関する到達目的など、異なった側面があり、戦略、組織全体、プロジェクト、製品、プロセスなど、異なったレベルで設定されることがある。」としている。

2）影響の好ましい、好ましくないという概念

このことは、これまでの一般的なリスクマネジメントにおいては、理解が難しいこともあるかも知れない。一つは、文字通り社会的に好ましい、好ましくないと考えられている価値観によって判断される双方の影響である。もう一つは、期待値からの乖離の方向が、好ましい方向か、好ましくない方向かによって定まる場合である。利益が出てもその数値がきたしているものよりも

少なければ、好ましくない結果となる。

また、好ましい影響と好ましくない影響は、同じ種類の影響の増減である場合もあれば、異なる種類の影響である場合も考えられる。

また、好ましい、好ましくないという概念は、利益、被害という社会的価値におけるプラスやマイナスの概念を指すと限定されているわけではなく、期待値からの乖離の方向性を指す場合もある。例えば、20億円の利益を出す可能性が大きいとしても、もともとの目標が30億円の利益を出すことである場合は、10億円の好ましくない影響をもたらすリスクがあると判断される。また、安全という本来好ましくない影響だけを目標としてきた分野においても、目標とした安全目標よりも高度な結果が得られる可能性は、好ましい影響をもたらすリスクが存在すると考えることとなる。

リスクマネジメントを実際の組織の意思決定において活用しようとする場合、好ましい影響と好ましくない影響との双方を考慮して判断を行うという概念は、非常に重要である。このことは、決して安全などの好ましくない影響の管理に対する軽視ではない。

むしろ、利益などの観点から方針を決定し、安全などのチェックが二次的判断条件とすることを防ぎ、意思決定の段階から好ましくない影響についての管理を確実に検討することを求めているものである。リスクマネジメントにおいては、施策や運用などの多方面への影響を考えることが重要となるのである。

さらに、ＩＳＯ　３１０００の特徴として、リスク分析に先立って、リスクに影響を与える環境を調査することを求めている。このことは、リスクが状況に応じて変わり得ることを示している。このことを認識すれば、リスク分析は常に最新の環境条件を反映したものが必要であることがわかる。

なお、注意が必要なのは、ここでの議論は好ましい結果（positive consequence）、好ましくない結果（negative consequence）という概念のことであり、好ましいリスク（positive risk）、好ましくないリスク（negative risk）という概念ではないということである。結果の期待値、又は中央値としては、好ましい結果の領域になることも、好ましくない結果の領域になることも想定されるが、リスクを考える場合は、結果の中央値によってリスクの種類が規定されるということではなく、あくまでも、結果の分布がどのような分布をもっているかが、リスクの特性を規定するものであることを認識しておくべきである。したがって、好ましいリスクや好ましくないリスクという表現は、表現自体が相応しくないという理由で採用を否定された。一方、リスクマネジメントの結果として好ましい結果が発生する可能性も含むという考えは委員全員が理解した。

他の備考に「ある場合には、リスクは期待した成果、又は事象からの偏差の可能性から生じる。」という表現が入った。一時、この備考の表現が定義文そのものとして認められそうになった。それほど、この表現もリスクの性質を示していると考えられる。

付録 2　社会的信頼性の構造

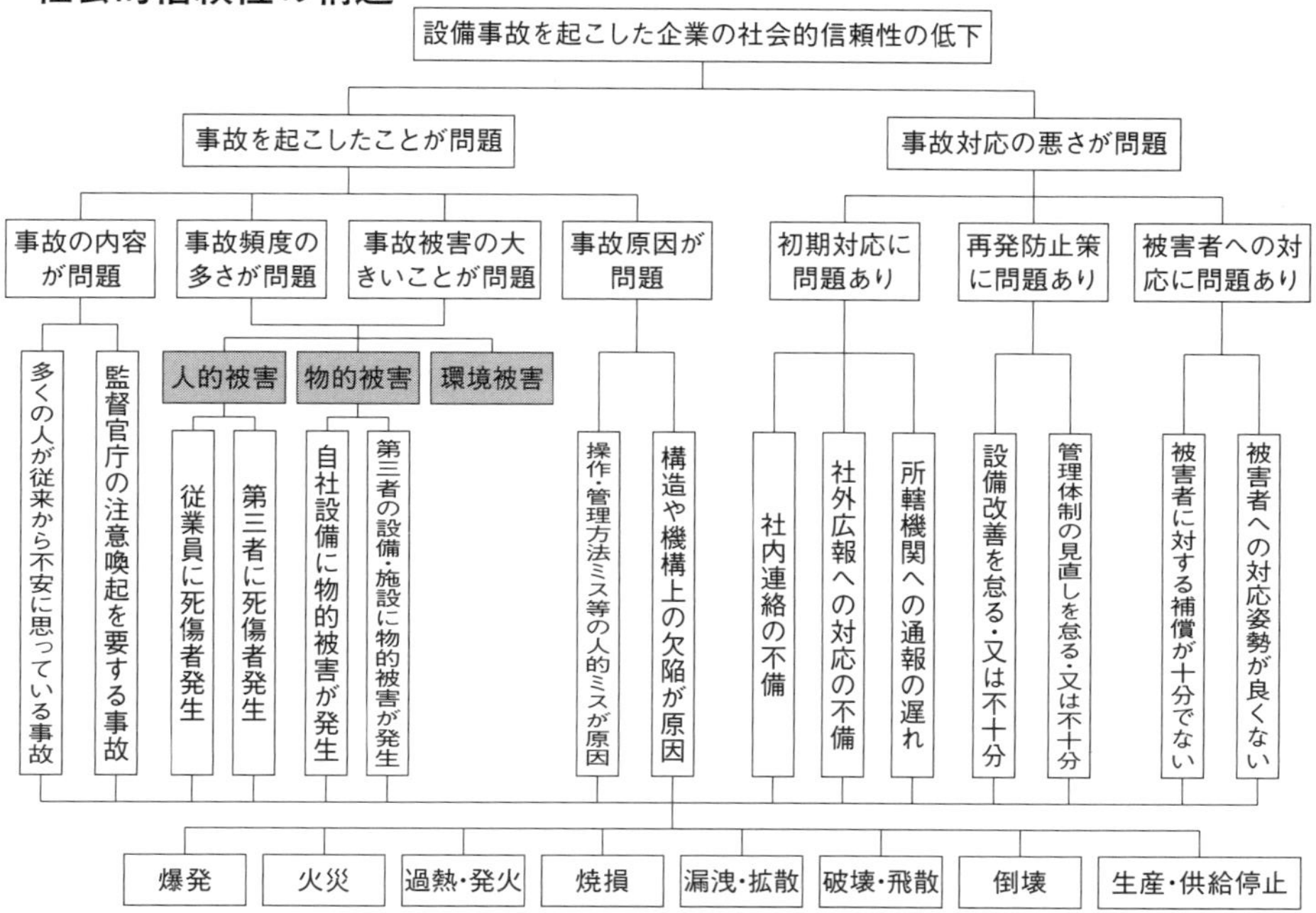

付図 1　社会の信頼性を低下させる事故の構造

付表 1　設備事故を起こした企業の社会的信頼性の低下に関する価値の重み

<table>
<tr><th>一次</th><th>二次</th><th>三次</th><th colspan="2">四次</th></tr>
<tr><td rowspan="14">事故を起こしたことが問題(0.49)</td><td rowspan="5">被害規模の大きいことが問題(0.40)</td><td rowspan="2">人的被害(0.59)</td><td>従業員に死傷者が発生</td><td>(0.22)</td></tr>
<tr><td>第三者に死傷者が発生</td><td>(0.78)</td></tr>
<tr><td rowspan="2">物的被害(0.095)</td><td>自社設備に物的被害が発生</td><td>(0.16)</td></tr>
<tr><td>第三者の設備・施設に物的被害が発生</td><td>(0.84)</td></tr>
<tr><td>環境被害(0.32)</td><td colspan="2"></td></tr>
<tr><td rowspan="5">事故頻度の多いことが問題(0.18)</td><td rowspan="2">人的被害(0.55)</td><td>従業員に死傷者が発生</td><td>(0.22)</td></tr>
<tr><td>第三者に死傷者が発生</td><td>(0.78)</td></tr>
<tr><td rowspan="2">物的被害(0.10)</td><td>自社設備に物的被害が発生</td><td>(0.16)</td></tr>
<tr><td>第三者の設備・施設に物的被害が発生</td><td>(0.84)</td></tr>
<tr><td>環境被害(0.35)</td><td colspan="2"></td></tr>
<tr><td rowspan="2">事故原因が問題(0.24)</td><td colspan="2">原因が構造や機構上の欠陥であった</td><td>(0.60)</td></tr>
<tr><td colspan="2">原因が操作，管理方法ミスなどの人的ミスであった</td><td>(0.40)</td></tr>
<tr><td rowspan="2">事故内容が問題(0.18)</td><td colspan="2">監督官庁の注意喚起を要する事故</td><td>(0.19)</td></tr>
<tr><td colspan="2">多くの人が従来から不安に思っている事故</td><td>(0.81)</td></tr>
<tr><td rowspan="7">事故の事後対応の悪さに問題あり(0.51)</td><td rowspan="3">初期対応に問題あり(0.32)</td><td colspan="2">社内連絡の不備</td><td>(0.15)</td></tr>
<tr><td colspan="2">社外広報への対応の不備</td><td>(0.50)</td></tr>
<tr><td colspan="2">所轄機関への通報の遅れ</td><td>(0.35)</td></tr>
<tr><td rowspan="2">再発防止対策に問題あり(0.24)</td><td colspan="2">設備改善を怠る</td><td>(0.54)</td></tr>
<tr><td colspan="2">管理体制の見直しを怠る</td><td>(0.46)</td></tr>
<tr><td rowspan="2">被害者への対応に問題あり(0.44)</td><td colspan="2">被害者に対する補償が十分でない</td><td>(0.36)</td></tr>
<tr><td colspan="2">被害者への対応姿勢が良くない</td><td>(0.54)</td></tr>
</table>

備考　(　) 内の数値は，その階層での重みを示す．
例：事故を起こしたことが問題：事故の事後対応の悪さに問題あり = 0.49：0.51

付録3　影響の大きさの算定の例

リスクがもたらす影響に関しては、以下の表現方法がある。

① 被害の大きさの算定
② 各リスク指標
③ 金銭換算
④ 社会的信頼性　など
⑤ 影響の項目例
・人的被害、環境被害、生産被害
・損害賠償、対策費の増加、機会損失
・人材の損失、信頼性の低下　など

また、リスクの影響の種類が同一分野であれば、リスク同士を同じ指標で比較することができるが、影響の種類が異なる場合は、付図2に示すようにリスクの影響ごとに評価を行い、その影響の種類ごとにその重みを掛け合わせ、総合的に評価することができる。

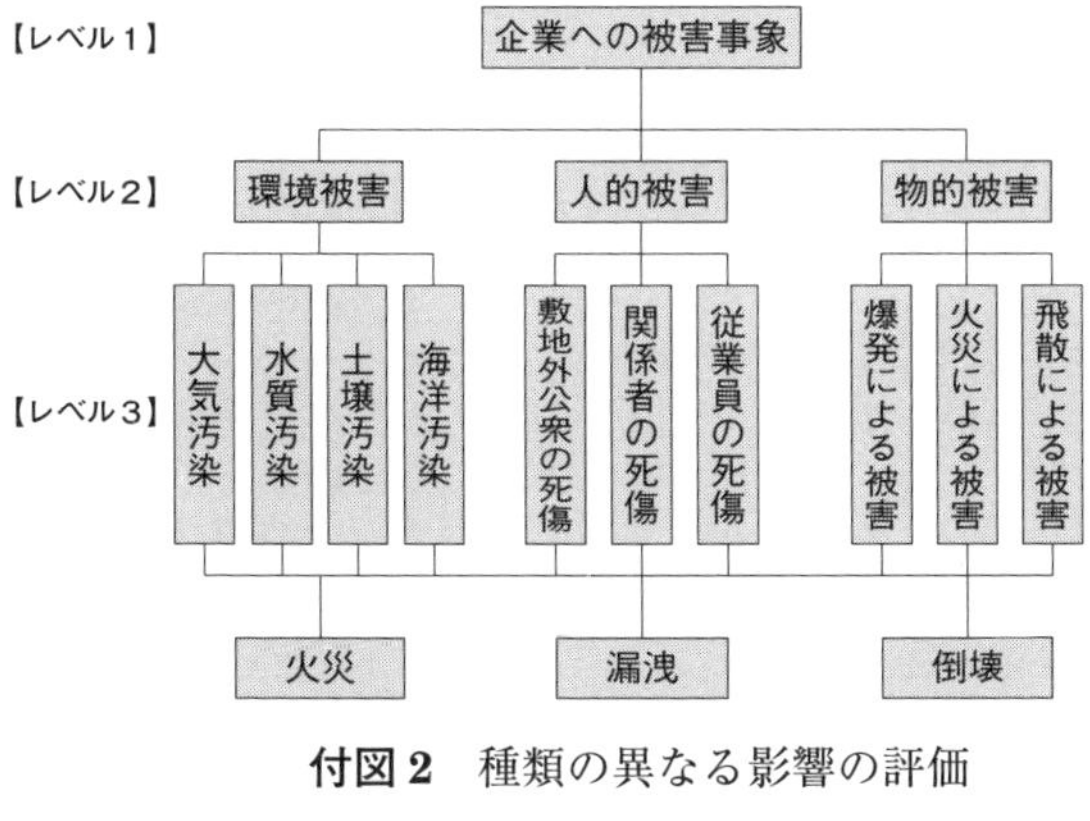

付図2　種類の異なる影響の評価

付録 4　リスク分析手法

付表 2　リスクの好ましくない影響の分析手法の特徴

手法	概　要	長　所	短　所
チェックリスト方式	最も古典的な手法であるが，いろいろな対象に対して容易に適応できる．	過去の経験から得られる問題点を，まとめることができる．	チェックポイントは点の羅列であるから，精密に表現しようとすればするほど無数のチェックポイントにならねばならない．
FMEA	重大事故を取り上げ原因となる故障モードを解析し，相互関係を明らかにする．安全性に致命的な関係のある故障を識別する手法．	システムの相互関係が明確にできる．複数の人間による作成が可能である．	ヒューマンファクタや環境条件を考慮しにくい．複数エラーを検討するのには適していない．
HAZOP手法	設計からのずれの起こる箇所及びその原因と結果を明らかにするために，プロセスの各部分を調査する手法．	ガイドワードによって発想がやりやすい．系統的な関係を把握しやすい．	位置的な影響など系統以外の関係がつかみにくい．
イベントツリー手法	ある初期事象から出発していろいろなシーケンスをとることにより，結果がどのような状態になるかを明らかにする手法．	どのような事故が発生する可能性があるかを論理的に求められる．事故が発生するまでのシナリオを明らかにすることができる．共通モードの影響を評価できる．	二者択一の論理なので，部分的な故障は考慮することができない．インシデント発生時の事故進展シナリオの検討であるので，全体のリスクを把握することはできない．

付表2 （続き）

手法	概　要	長　所	短　所
フォールトツリー手法	複雑なシステムの故障を要素ごとの故障の発生確率と要素間の因果関係で表し，システム全体の信頼性を分析する手法.	機能性の立場から複雑なシステムを解析するのに適しており，複合故障も検討できる．システム故障の原因となる人間のエラー環境条件の関係も有効に表現できる.	非常に多くの人手と時間が必要となる．応用に際して，複雑，巨大なツリーとなる．時間経過に関係する事象をわかりやすく展開することが困難である.
PDPC	確定な条件下において，次の方策を決定し，最終的に目的に達成できるように計画する手法.	複雑な事態に対して展望を与えることができる．シナリオの中の重要ポイントを指摘できる．作成に時間がかからない.	すべてのケースを考察するのではないので，見落としていたポイントを発見しづらい.
GO手法	GO手法は帰納的手法であり，システムの正否の反応を判断し，システム自身やシステムとオペレーションなどの相互作用を検討する手法.	システムフローチャートに視覚的に似ており，システムの特性を簡単に表現できる．動作シーケンスが時間とともに変化するモデルを考慮できる.	複雑な動作モード，例えば時間とともに動作モードが変化していく系をもつシステムは扱いにくい．システムフローチャートで表現できない対象は扱いにくい.

付録5　事故・トラブルを発生させる経営姿勢や企業風土

これまでの事故内容を分析すると、事故やトラブルが発生する原因が、経営姿勢や企業風土などに存在する場合が多く存在する。その原因を整理して以下に示す。

①　技術・教育が不十分である場合

この技術の対象は施設運転に関わる安全技術だけではなく、組織運営に関するマネジメント技術の習得、改善も重要となる。

②　制度・組織などに問題がある場合

例えば、安全に関して各個人ががんばれば、職場の安全は担保できるという考え方で運営されており、組織的な問題が検討されていない場合がある。

③　誤った目標設定がトラブルの原因となる場合

到達困難な目標を立てると、目標達成のために行う工夫が結果として「事故」や不祥事につながる。

④　この程度の事故は起きても仕方がないと思っている場合

事業現場で、経験上この程度の事故は仕方がないと考えていると、事故を防止することが難しくなる。さらに、その現場の感性と社会の要求している安全レベルが異なっていれば、発生した事故により組織は大きな影響を受ける場合がある。

同じトラブル・事故が発生しても、ある業界の事故は許容され、ある業界の事故は許容されない場合がある。一般的に目標とする安全レベルは、社会的重要度が高い事業・業務ほど高い。

⑤ 負荷のバランスの悪さが事故につながる場合

社員・従業員が長期間その能力を最大に発揮し続けることを前提に無理な計画を立てると、事故やトラブルを発生させる遠因となる。

⑥ 職場の過去の慣行により誤った判断が行われる場合

過去の成功体験があるため、社会の要求の変化に気付かず技術改善を怠ったり、「昔からこうだったから」と正当化しながら誤った行動を継続したりすることにより、事故が発生してしまう場合がある。

⑦ 自分たちの職域を他の職場とは異なるものと聖域化して改善を怠る。

⑧ 業務改善方針が全員に浸透せず、職場の風土改善が遅れる。

経営者や管理者が、改善指示は行うものの、その成果を確認することを怠り、望ましい状況が実現できていないことによる事故が発生する場合がある。

⑨ 対応方針の失敗による負のスパイラルの発生

事故が、作業量とリソースのギャップにより十分な対応ができなかったことにより発生する場合がある。その際、発生トラブル対応を安全対策強化のみの視点で行い、根本的な業務計画の見直しを怠ると、作業量とリソースのギャップが拡大し、事故が起きやすい環境となるという負のスパイラルが発生する場合がある。

リスクマネジメントの仕組みの構築に際して検討すべきことは、企業における判断レベルは、それぞれの階層によって異なるため、各層で必要なリスクマネジメントの仕組みをその要求に応じて変更するということである。

特に、経営層では、全社の経営判断を行うためには、企業のすべてのリスクを相対的に比較できるような仕組みが必要であり、事業現場の安全活動の検討には、具体的な行動が安全に及ぼす影響を検討できる仕組みが必要である。

そして、企業において安全目標の達成を確実に行うためには、この両者を有機的に連携させる仕組みを構築する必要がある。

本来のリスクマネジメントは、全社経営目標から、全社リスクを整理して、その全社リスクの詳細を個別の担当部署で詳細

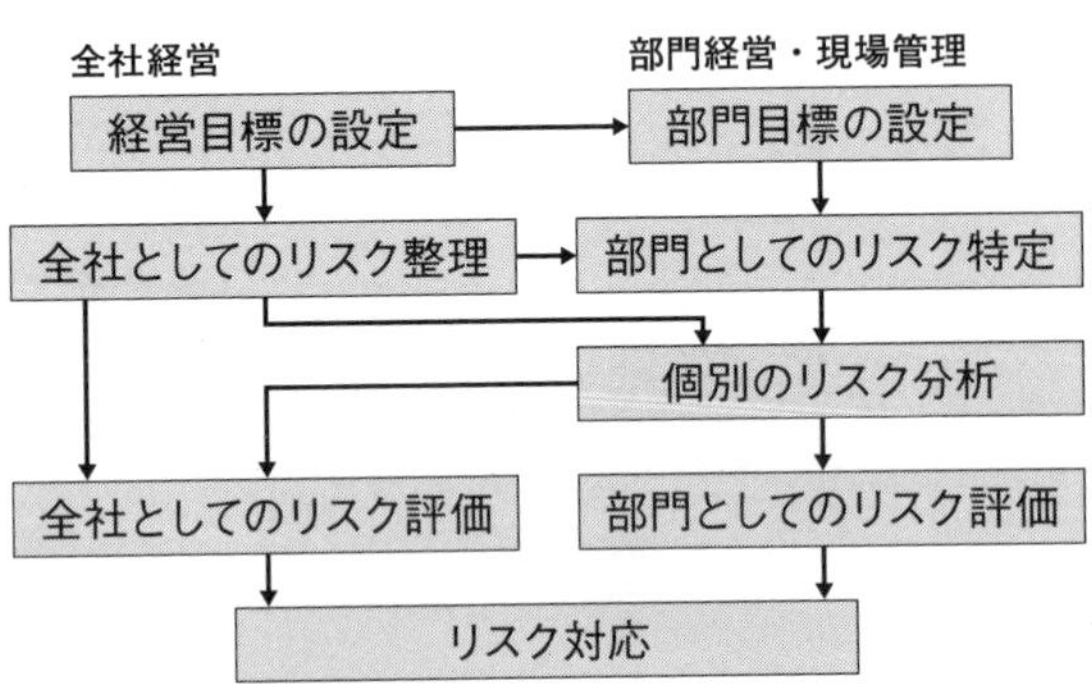

付図 3　全社視点と現場視点の本来のリスク分析の流れ

に分析し、また全社大で評価し、対応策を実施していくというステップを取る（付図3参照）。このステップの中で事業所別のリスクマネジメントを組み込むこともある。

これにより、個々の個別リスクの分析が、経営最適化へつながるという仕組みをつくり上げることができる。

しかし、実際に実施されていることは、付図4に示すように、まず現場で気付いた視点でリスクの把握を行い、自分たちの権限で可能な範囲で対策を打つ場合が多い。

把握したリスクが大きい場合は、全社へのリスク報告がなされ、全社的対応の枠組みで検討される場合もある。この枠組みでは、リスク分析の成果により、どこまで安全レベルが向上したかということの判断が難しい。

しかし、付図5に示すように全社の視点で、事業部のリスク分析へと考えていく際、その判断レベルによってリスクの集約の仕方が変化することに注意が必要である。

経営レベルで安全に関する判断をする場合は、例えば、重大事故というレベルでのリスクのまとめが必要となるが、事業現場で担当者が

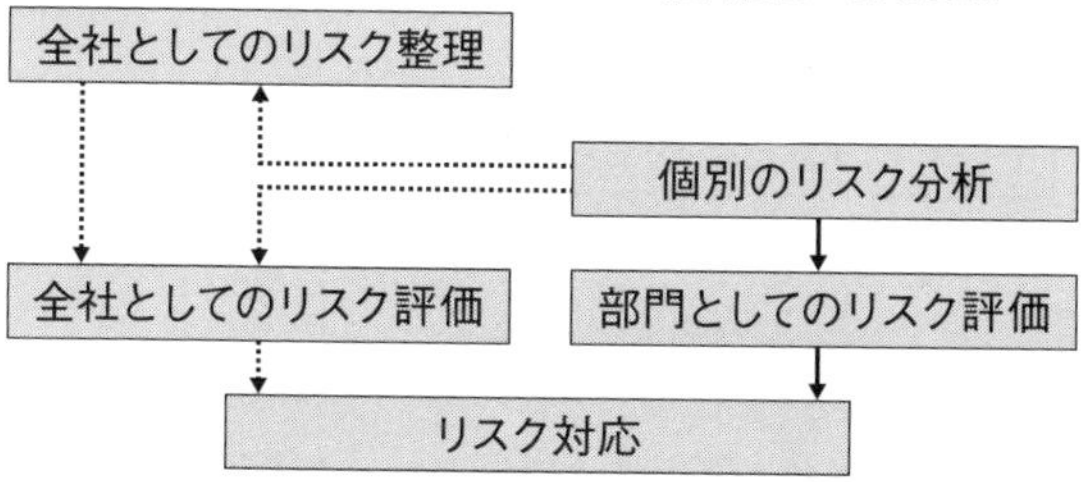

付図4　現状で見られるリスク分析の流れ

留意している行動は、例えば「○○の作業ミス」といった個別のリスクレベルである。

この異なった二つのレベルのリスク分析を有機的に連携するためには、付図4、付図5に示すような事業現場運営視点のリスクと全社経営視点のリスクを関係づけるリスクの連関マップが必要である。

経営と現場をつなぐ仕組みを付図6に示す。

経営における適切なマネジメントを行うためには、経営目標を達成するために必要な全社経営視点のリスクを定める必要がある。

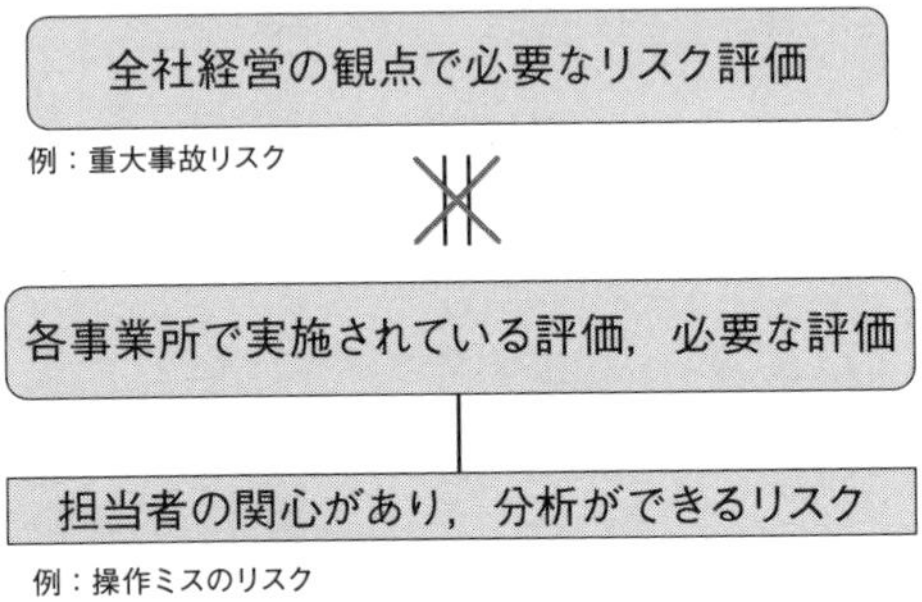

付図5　全社視点と現場視点のリスク視点の差異

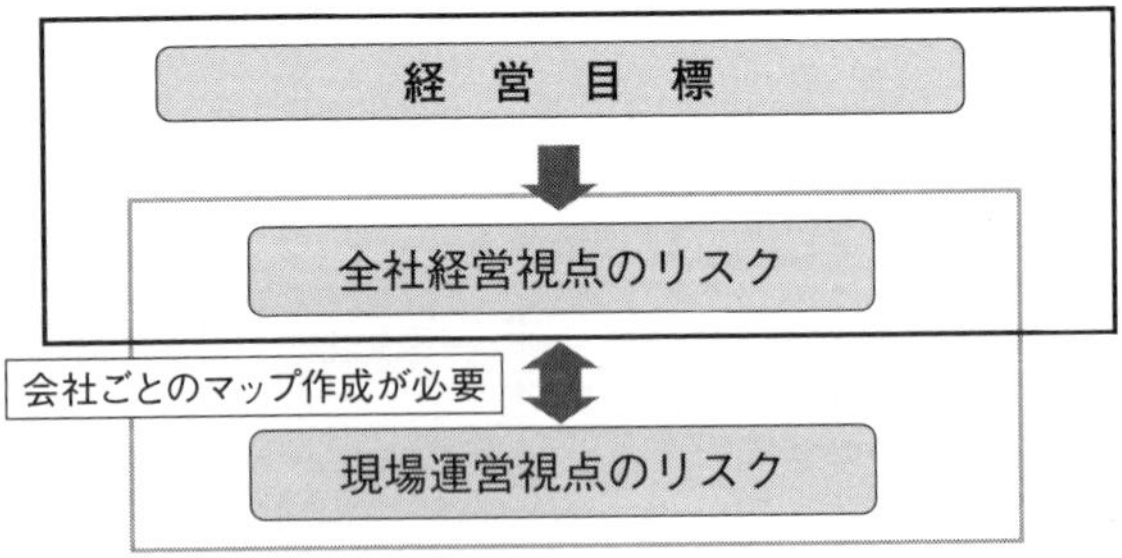

付図6　全社経営視点のリスクと現場運営視点のリスクの関係

さらには、この全社経営視点のリスクと現場運営視点のリスクの関係を整理したリスク連関マップを会社ごとに作成する必要がある。このリスク関連マップは、組織ごとに異なるものである。

また、付図7に示すように組織が経営目標を確実に達成するためには、どのような状況を達成すればよいかという視点で、目標達成の構成要素として個別の安全目標を整理して、その阻害要因をリスクと位置付けて分析を行うことが必要となる。

さらに、社内外の環境変化によって、阻害要因事態も変化するため、リスク顕在化のメカニズムを検討する際には、内外の環境変化からリスク顕在化までのシナリオを検討することが望ましい。

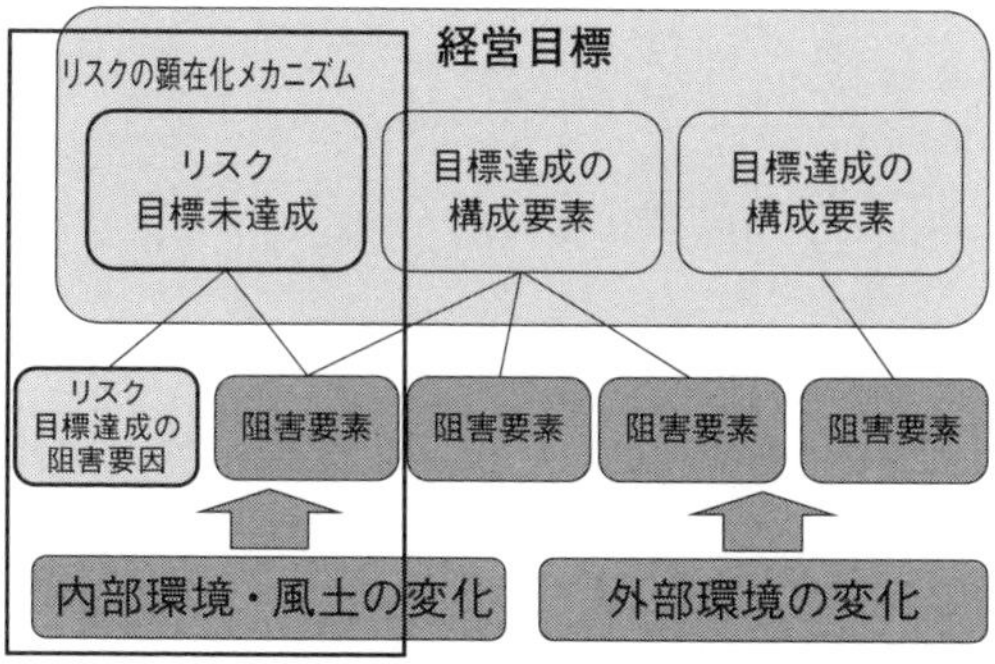

付図7　経営目標を達成するために必要なリスク顕在化シナリオ把握

付録6　安全と安心の関係

リスク概念の変遷と安全・安心

ここでは、安全とリスクマネジメントの考察に先立ち、リスク概念を用いた安全の概念についての定義について述べる。

まず、『広辞苑』によると、「安全」は「安らかで危険のないこと、平穏無事」と記述されている。次に、安全活動の諸分野における安全の考え方を整理すると、労働安全衛生の分野では、「事故などにより人的被害が発生しない状況」と定義されている。この考え方は、リスクマネジメントの中でも先に述べたハインリッヒのリスクの定義にも反映されている。

視点をもう少し広げ、産業安全の視点で見ると、安全とは「物事が損傷したり、危害を受けたりする恐れがないこと」と考えられている。また、信頼性の分野では、「プロセスが目的どおりに機能すること」とも考えられる。ただし、プロセスが機能しなかったときに、プロセスが止まるだけのものは信頼性の問題として規定されている。

さらには、ISO／IECガイド51では、リスクの概念を用いて、「安全」は「許容できないリスクから開放された状態」と定義されている。ここで注意すべきことは、「リスク」に「許容できない」という形容詞が付加されていることである。形容詞のない「リスクから開放された状態」とは、絶対安全と言われる概念と同じである。

以上のことを総合的に考えると、安全は、「望ましくない状況の発生もしくはその拡大が抑制されている状況」であると定義できる。

ここでは、安全を考える前提として、この総合的な視点での考え方を用いることとする。検討する「安全」の対象は、主として産業安全とする。

産業安全の構造を付図8に示す。

また、安全について考慮する際には、安心という概念を考慮しておくことが必要である。安心は、価値観や風土に立脚した概念で、現象のコントロール、システム、組織や人などに対する信頼がある状況といえる。個別の現象、システム、製品などが安全でも、組織に対する信頼感の欠如が、安心を阻害する場合もある。

安心は主観的な認識による部分もあるので、危険性を知らない・知らされていないということが原因で、安心を得られる場合もある。しかし、そういう状況での安心の獲得は、本来望ましいものではない。

安心は、安全な状況の上に成立する概念であることが重要である。

これまでの産業安全における事故の発生のメカニズムの考え方は、事故や危険な現象を引き起こすポテンシャルを有するハザード（潜在的危険源）が存在し、そのハザードがプロセスを通して危険な現象を引き起こし、その現象がステークホルダと関わりをもつことにより事故となるという基本的な

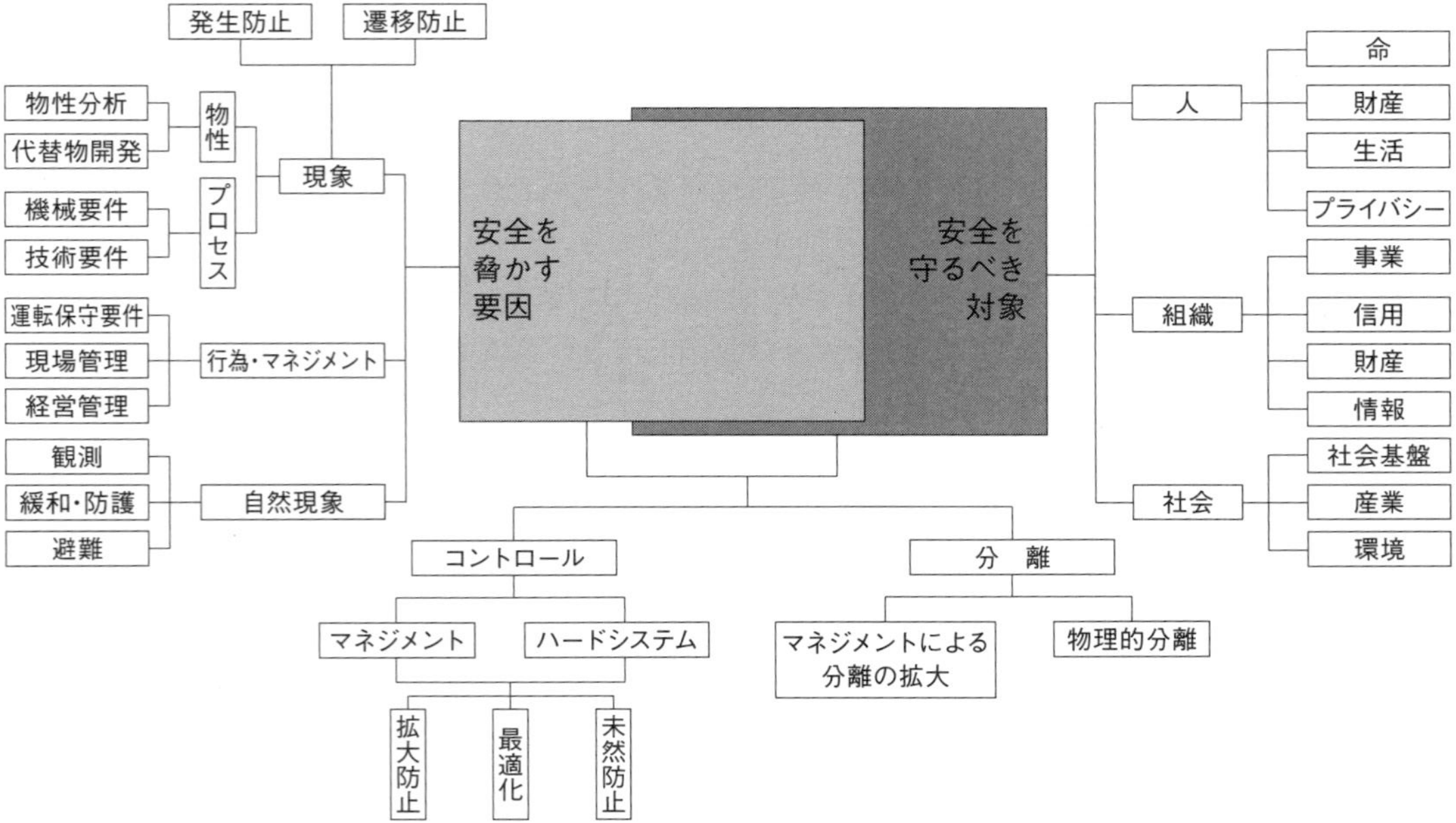
発生防止
遷移防止
物性分析
代替物開発
物性
現象
機械要件
技術要件
プロセス
運転保守要件
現場管理
経営管理
行為・マネジメント
観測
緩和・防護
避難
自然現象
安全を脅かす要因
安全を守るべき対象
人
命
財産
生活
プライバシー
組織
事業
信用
財産
情報
社会
社会基盤
産業
環境
コントロール
マネジメント
ハードシステム
拡大防止
最適化
未然防止
分離
マネジメントによる分離の拡大
物理的分離

付図 8　産業安全の構造

考え方をもつ（付図9参照）。そして，その事故が社会に不安をもたらすと考えられていた。

したがって，これまでは事故につながる個々の現象について工学的に対応を行い，物理的に事故を減少させることで，必然的に安心が得られると考えられていた。

しかし，異常現象をコントロールするために必要な固有技術があっても，人為的ミスにより事故は発生しうる。また，事故につながる事象が優れた担当者のとっさの判断により食い止められたとしても，事故への進展の有無が担当者の能力に依存する状況を安全であるとはいえないし，機械の故障連鎖による事故進展への対応はできていてもテロに対する対応ができていない状況は安全とはいえない。更には，専門家から見て安全であるという確証がある状況であっても，一般市民などの第三者がそのことを信用しなければ，社会として安心が得られているとはいえない。

すなわち，異常防止から安心に至るまでには，それぞれの担保技術が必要になる。

一方，安全・安心という信頼問題を具体的に前進させるには，活動の成果を客観的に評価する必要がある。そのためには，安全という客観的

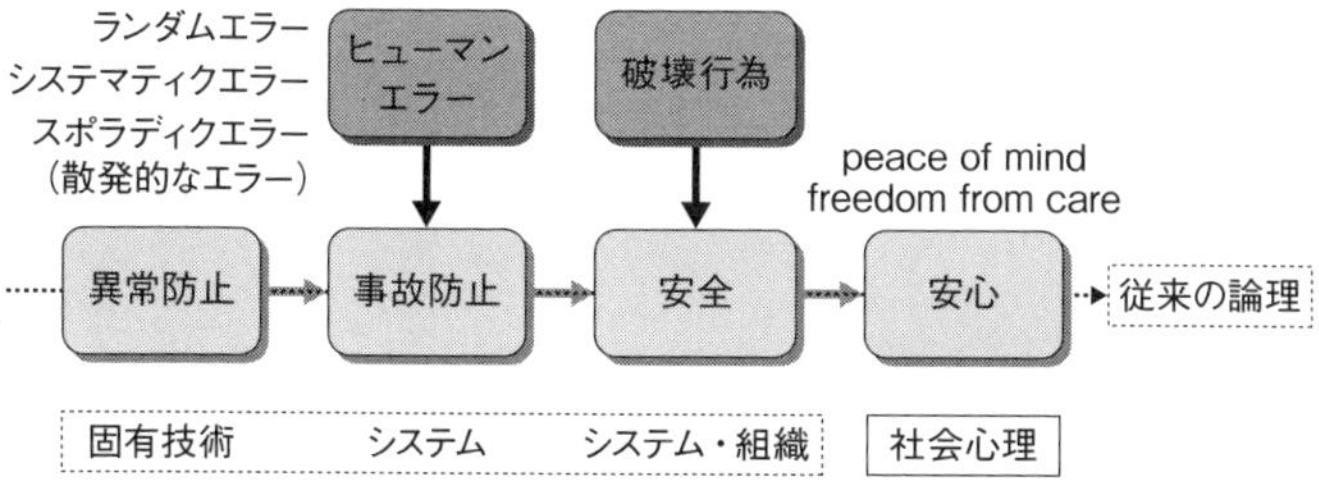

付図9　異常防止から安心獲得までの従来の論理

問題、安心という主観的問題という二元論で対応するのではなく、安全の延長線上に安心を置くという考え方も有効である。すなわち、安心を心理という主観的なアプローチではなく、多様な視点による安全要求の担保という視点で捉える考え方である。それは、安全を専門家のみの視点で十分性を考えるのではなく、様々な立場の人が考える安全な状況を包括的に実現できたときに、社会的な安心が得られるということである。

いずれにしても、安全社会・組織を実現するためには、安心という視点を同時に検討していくことが重要である。

付録7　巨大システムにおける安全の仕組み

分析において、多様な専門知識とその知識を総合的に活用する技術とシステムが必要となってきている。多様な視点で安全への課題を認識することができる専門家を育てる必要がある。

リスクマネジメントの視点で見ると、科学技術システムのリスクをゼロにすることはできない。ゼロではないということは、理論的には顕在化する可能性が存在するということだ。リスクが顕在化しても、その影響が限定的であれば、社会としてそのシステムを許容できるということは、多くの人に共感してもらえるはずだ。問題となるのは、顕在化した場合に大きな被害をもたらすリスクに対する対応だ。

リスクマネジメントの視点では、リスク基準を満足するリスクは、顕在化した場合の影響が大きくても、その発生確率が十分に小さければ、許容できることになるが、東日本大震災を経験した我が国では、この考え方がすぐに受け入れられる状況にはないと思われる。今回の震災を経験しても、リスクマネジメントの考え方は変わらないが、その信頼性の問題については議論が必要だ。

リスク分析には、リスク理論や数値シミュレーションが使用されることが多いが、算定結果の信頼度は、分析手法・データとともにその前提をどこまで考えるかによって大きく異なる。算定の前提には様々な要因があり、その要因を網羅することは簡単ではない。したがって、リスク分析の信頼性も、その前提やデータの精査を行い、判断する際の根拠として、どの程度の重きを置くかを検討すべきである。またこれまでは、リスク分析の信頼性の検証では、発生確率の信頼性に着目されがちであったが、顕在化影響分析に対する評価も重要である。

これまで起きたことがなく、さらにその発生確率が小さいトラブルは、経験によって検証することは難しく、科学技術システムの安全性向上にはリスク論は必要不可欠な手法であるが、受容の最終判断には、リスク分析の前提や精度を吟味しつつ、その結果を用いるべきである。

また、リスク分析において、その保有の妥当性が検証された事象でも、そのリスクが顕在化した場合に備えて、危機管理策を準備しておくことは必須であり、原子力防災の考え方もそこにある。リスクマネジメントと危機管理を統合的に運用しないと巨大システムに対する安全・安心は担保できない。

原子力発電所の再稼動に際して、シミュレーションによるストレステストとともに、住民に安心をしてもらうためは、実効性のある防災活動ができることを住民に明示することも重要である。

付録8　リスクコミュニケーション

安全活動を向上させるためには、必要な安全レベルや重要なリスクに関して専門家や担当者の価値観によって定めるのではなく、どのようなことを重大な問題と考えるのか、どのような環境を維持することが大切と考えているのかということに関して、関係者と意見を交換して、その考え方を共有することが重要である。

リスク分析は、その価値観を確立した上で行う必要がある。巨大システムにおけるこれまでのリスクコミュニケーションは、必ずしもうまくいっているとはいえないが、それはリスク分析を実施する以前のコミュニケーションに問題がある可能性が大きい。今後のリスクコミュニケーションは、以下の事項に留意する必要がある。

・住民の理解を得るという考えから、共通の理解を広げるという考え方に転換する。
・専門家がリスクを算定し説明する手法の限界を認め、何がリスクであるかという判断の時点から住民の意見を把握し、分析対象とするリスクの共有が重要である。
・自分の意見をわかりやすく説明する技術だけではなく、住民の真の不安・要求を聞き取る気持ちと技術の確立が必要である。
・リスクコミュニケーションを始めるタイミングが重要である。住民が積極的参加をして納得できる社会を構築するためには、リスクコミュニケーションの開始時期を判断が変更できる余地が大きい初期の段階から積極的に行い、納得できる判断に結び付けられる仕組みにすることが重要である。

・信頼を、対象となる安全問題に限らず、住民の組織への信頼を獲得することが重要である。そのためには、安全に関する検討の仕組みや判断が変更となる環境条件の変化などをステークホルダに伝える必要がある。

コミュニケーションと協議を実施する目的には、以下の事項も含まれる。

・組織が置かれている状況の適切な把握を支援する。
・諸々のリスクの適切な把握の徹底を支援する。
・諸々のリスクを分析するため、多様な領域の専門知識を集めてくる。
・リスク基準を設定し、諸リスクを評価する際、様々な見解について適切に配慮するよう徹底する。
・対応計画への承認及び支援を確保する。
・リスクマネジメントプロセス実施中、適切な変更管理を強化する。

コミュニケーション及び協議に関する諸計画を早い段階で策定することが望ましい。この計画では、リスクそれ自体、その原因、（既知の場合は）そのリスクの結果、それに対応するために講じられている諸対策に関わる諸事項について取り上げることが望ましい。リスクマネジメントプロセスの実施について責任をもつ人々及びステークホルダに、意思決定の根拠並びにある特定の処置がなぜ必要かについて確実に理解してもらうために、効果的な外部及び内部のコミュニケーション及び協議を実施することが望ましい。

引用・参考文献

・ISO 31000:2009 Risk management—Principles and guidelines（JIS Q 31000:2010 リスクマネジメント—原則及び指針）
・ISO/IEC Guide 51:2014 Safety aspects—Guidelines for their inclusion in standards
・ISO 12100:2010 Safety of machinery—General principles for design—Risk assessment and risk reduction（JIS B 9700:2013 機械類の安全性—設計のための一般原則—リスクアセスメント及びリスク低減）
・「ISO 31000:2009 リスクマネジメント 解説と適用ガイド」、リスクマネジメント規格活用検討会編、２０１０年、日本規格協会
・「リスクマネジメントの実践ガイド—ISO 31000の組織経営への取り込み」、三菱総合研究所実践リスクマネジメント研究会編、２０１０年、日本規格協会
・「ＪＳＱＣ選書８ リスクマネジメント—目標達成を支援するマネジメント技術」、２００９年、野口和彦、日本規格協会
・「リスクマネジメントシステム構築ガイド」、リスクマネジメントシステム調査研究会編、２００３年、日本規格協会
・「リスクマネジメントガイド」、三菱総合研究所政策工学研究部編、２０００年、日本規格協会
・「草枕」、「三四郎」、「坊っちゃん」、夏目漱石
・「正木浩一句集」、正木浩一、１９９３年、深夜叢書社
・「風姿花伝」、世阿弥
・「春宵十話」、岡潔、２００６年、光文社
・「パリ、娼婦の街 シャン＝ゼリゼ」、鹿島茂、２０１３年、角川学芸出版
・「現代に生きる三菱精神」、堀憲義、１９７３年、企業精神研究会
・「法然・親鸞・一遍」、梅原猛、２０１４年、ＰＨＰ研究所
・「奥の細道」、松尾芭蕉
・「偶然の科学」、D. J. Watts、青木創訳、２０１４年、早川書房

著者略歴

野口　和彦（のぐち かずひこ）

国立大学法人横浜国立大学
リスク共生社会創造センター　センター長
大学院環境情報研究院教授

1978年 3月　東京大学工学部航空学科卒
1978年 4月　株式会社三菱総合研究所入社
2005年12月　安全政策研究部長，参与を経て，研究理事に就任
2011年 4月　国立大学法人横浜国立大学客員教授に就任
2014年 4月　国立大学法人横浜国立大学大学院環境情報研究院教授に就任
2015年10月　リスク共生社会創造センター　センター長に就任
現在に至る

委　員
ISO 31000 日本代表委員
ISO/TC 262 日本代表委員　国内委員会主査　等

リスク三十六景
リスクの総和は変わらない　どのリスクを選択するかだ

定価：本体 1,300 円(税別)

2015年12月18日　　第1版第1刷発行

著　　者　野口　和彦
発 行 者　揖斐　敏夫
発 行 所　一般財団法人　日本規格協会
〒108-0073　東京都港区三田3丁目13-12　三田MTビル
http://www.jas.or.jp/
振替　00160-2-195146

印 刷 所　株式会社平文社

ISBN978-4-542-70173-1